iLike 就业 Photoshop CS5 中文版多功能教材

叶 华 编著

電子工業出版社

Publishing House of Electronics Industry

北京·BEIJING

内 容 简 介

本书详细介绍了如何利用 Photoshop CS5 的各种功能来创建、编辑图形和图像，以及如何制作出独具一格的精美图像效果。通过对本书的学习，读者可以比较全面地掌握 Photoshop CS5 软件中的理论知识和其中的操作要点。编者在编写本书的过程中从读者的角度出发，以具体实例为载体，采取理论联系实际操作的方式将 Photoshop CS5 的知识点展现在了读者的面前。希望读者在阅读本书后可以掌握软件的各种操作方法和技巧，以便在日后的学习和工作中能够熟练运用，完成创作目标。

本书可作为电脑平面设计人员、电脑美术爱好者以及与图形图像设计相关的工作人员的学习、工作参考用书。

图书在版编目（CIP）数据

iLike 就业 Photoshop CS5 中文版多功能教材 / 叶华编著. —北京：电子工业出版社，2011.4

ISBN 978-7-121-13127-1

Ⅰ．①i…　Ⅱ．①叶…　Ⅲ．①图形软件，Photoshop CS5－教材　Ⅳ．①TP391.41

中国版本图书馆 CIP 数据核字（2011）第 044799 号

责任编辑：李红玉

文字编辑：易　昆

印　　刷：三河市鑫金马印装有限公司

装　　订：

出版发行：电子工业出版社

　　　　　北京市海淀区万寿路 173 信箱　邮编：100036

　　　　　北京市海淀区翠微东里甲 2 号　邮编：100036

开　　本：787×1092　1/16　印张：16.75　字数：428 千字

印　　次：2011 年 4 月第 1 次印刷

定　　价：34.00 元

前　言

Photoshop 是 Adobe 公司旗下比较优秀的软件之一，主要用来进行图像的处理。Photoshop 的使用范围较广，性能也较为优秀，Adobe Photoshop CS5 是 Photoshop 软件的最新版本。Photoshop CS5 与之前的版本相比，无论是在使用界面还是在操作性能等方面，都得到了改进与增强。Photoshop CS5 的强大功能表现在诸多方面，主要包括图像扫描、编辑修改、图像制作、广告创意、图像输入与输出等。要保证这些功能的顺利运行，用户所要配备的计算机硬件配置和软件环境就有了一定的要求。

用户使用 Photoshop CS5 可以制作出优秀的设计作品，但是，要想独立、顺利地完成作品的创作，就必须全面了解该软件，细致学习其中各个方面的知识。

本书以大量实例为载体，向大家展示了如何使用 Photoshop CS5 软件来创建和制作各种不同的图像效果，在讲解的过程中展示出了 Photoshop CS5 中各项功能的使用方法和技巧。本书非常适合用于课堂教学，因为其中的实例都是根据相关知识点细致设计与编写的。

根据编者对此软件的理解与分析，最终，本书被划分为 12 个课业内容，系统地将软件中的知识从整体中划分开来。

在第 1 课中，编者以理论铺陈的方式向读者介绍了 Photoshop CS5 的入门知识。编者将基础知识具体划分为若干知识点，有条理地为读者进行讲述，整个写作结构和顺序充分考虑到了读者的学习需要。本课的知识点主要包括软件工作界面的介绍、软件新增功能的介绍、图像与图形的基本知识等内容。

在第 2 课至第 12 课中，编者向大家详细介绍了 Photoshop CS5 中的基本操作和各项功能。这些知识点均以实例的写作方式显现出来，使读者可以跟随实际的操作，一步一步地进行学习。相对于单纯的文字理论类书籍来讲，这是一种比较生动的方式，这样一来，读者就会更快接受知识信息的传达。在实例的编排中，还插有注意、提示和技巧等小篇幅的知识点，都是一些平时容易出错的地方或者是一些在操作中比较实用的技巧，读者不妨仔细阅读，发现其妙用。这些课业的内容主要包括选区、设置与调整图像颜色、绘制与编辑图像、文字的应用、图层、蒙版和通道、形状和路径、滤镜效果、动作和任务自动化，以及制作网页图像、动画和 3D 文件等。

本书在每课的具体内容中也进行了十分科学的安排，首先介绍了知识结构，其次列出了对应课业的就业达标要求，然后紧跟具体内容，为读者的学习提供了非常准确的信息与步骤安排。为便于读者学习，本书提供了配套学习资料，素材文件和最终效果都在同一章节的文件夹中存放，素材文件的具体位置都在文稿中加以体现，读者可以根据提示找到素材的位置。

本书在编写的过程中，因为得到出版社的领导以及编辑老师的大力帮助，才得以顺利出版，在此对他们表示衷心的感谢。

由于作者水平有限，加之时间仓促，书中难免有遗漏和不妥之处，望广大读者朋友和同行批评和指正。

为方便读者阅读，若需要本书配套资料，请登录"北京美迪亚电子信息有限公司"（http://www.medias.com.cn），在"资料下载"页面进行下载。

目　　录

第 1 课

Photoshop CS5 入门知识

本课知识结构

本课讲述 Photoshop CS5 的入门知识，对于广大读者来讲，充分了解软件各方面的基础知识，是学习软件中其他知识的前提，也是实施设计过程的必要条件。

就业达标要求

☆ 熟悉 Photoshop CS5 的操作界面　　☆ 掌握图像与图形的基础知识

☆ 了解 Photoshop CS5 的新增功能　　☆ 学习自定义 Photoshop CS5 工作环境

建议课时

1 小时

1.1　熟悉 Photoshop CS5 的操作界面

Photoshop CS5 的工作界面主要由标题栏、菜单栏、工具箱、工具选项栏、图像编辑窗口、状态栏、调板等部分组成，如图 1-1 所示。

- 标题栏：位于图像编辑窗口的最上方，其左侧部分显示了部分功能的快捷图标，右侧包括几个窗口控制按钮。
- 菜单栏：包括文件、编辑、图像、图层、选择等 11 个主菜单，每一个菜单又包括多个子菜单，通过应用这些菜单命令可以完成各种操作。
- 工具箱：包括了 Photoshop CS5 中所有的工具，大部分工具还有弹出式工具组，其中包含了与该工具功能相类似的工具，用户使用它们可以更方便、快捷地进行绘图与编辑。
- 工具选项栏：选择不同的工具，会显示不同的选项，用户可以在其中对工具的各项参数进行灵活的设置。
- 图像编辑窗口：在打开一幅图像的时候就会出现图像编辑窗口，它是显示和编辑图像的区域。
- 状态栏：状态栏中显示的是当前操作的提示和当前图像的相关信息。

- 调板：调板是 Photoshop CS5 最重要的组件之一，在调板中可设置相关参数的数值和使用调节功能。调板是可以折叠的，可根据需要分离或组合调板，这些操作都具有很大的灵活性。

图 1-1　Photoshop CS5 的工作界面

1. 标题栏

标题栏位于整个窗口的顶端，显示了当前应用程序的名称和相应功能的快速图标，以及用于控制图像编辑窗口显示大小的窗口最小化、窗口最大化（还原窗口）、关闭窗口等几个快捷按钮。

2. 菜单栏

Photoshop CS5 中的菜单栏包含"文件"、"编辑"、"图像"、"图层"、"选择"、"滤镜"、"分析"、"3D"、"视图"、"窗口"和"帮助"共 11 个主菜单，如图 1-2 所示。每个主菜单里又包含了相应的子菜单。

文件(F) 编辑(E) 图像(I) 图层(L) 选择(S) 滤镜(T) 分析(A) 3D(D) 视图(V) 窗口(W) 帮助(H)

图 1-2　菜单栏

需要使用某个命令时，首先单击相应的菜单名称，然后从下拉菜单列表中选择相应的命令即可。一些常用的菜单命令右侧显示有该命令的快捷键，如"文件"|"关闭"菜单命令的快捷键为 Ctrl+W，有意识地记忆一些常用命令的快捷键，可以加快操作速度，提高工作效率。

有些命令的右边有一个黑色的三角形，表示该命令还有相应的下拉子菜单，将鼠标移至该命令上，即可弹出其下拉菜单。有些命令的后面带有省略号，表示用鼠标单击该命令即可弹出其对话框，用户可以在对话框中进行更详尽的设置。有些命令呈灰色，表示该命令在当前状态下不可以使用，需要选中相应的对象或进行了合适的设置后，该命令才会变为黑色，呈可用状态。

3. 工具箱

工具箱是每一个设计者在编辑图像过程中必不可缺的，工具箱在 Photoshop 界面的左侧，当单击并且拖动工具箱时，该工具箱成半透明状。Photoshop CS5 中的工具箱包括许多具有强大功能的工具，使用这些工具可以在绘制和编辑图像的过程中制作出精彩的效果，与之前的版本相比，Photoshop CS5 版本的工具箱中对工具按钮的外观进行了调整，如图 1-3 所示。

要使用某种工具，直接单击工具箱中的该工具即可。工具箱中的许多工具并没有直接显示出来，而是以成组的形式隐藏在右下角带小三角形的工具按钮中，使用鼠标选择该工具旁的小三角形按钮，即可弹出展开工具组。

 只要在工具箱顶部单击双三角按钮 ，就可以将工具箱的形状在单列和双列之间切换。

图 1-3　工具箱

4. 工具选项栏

它位于菜单栏的下方，选择不同的工具时会显示该工具对应的选项栏。

5. 图像编辑窗口

图像编辑窗口也就是文件窗口，它是 Photoshop CS5 设计与制作作品的主要场所。针对图像执行的所有编辑功能和命令，都可以在图像编辑窗口中显示，用户可以通过图像在窗口中的显示效果，来判断图像的最终输出效果。在编辑图像的过程中，用户可以对图像窗口执行多种操作，如改变窗口大小和位置、对窗口进行缩放等。

默认状态下，打开的文件均以选项卡的方式存在于图像编辑窗口中，用户可以将一个或多个文件拖出选项卡，令其单独显示，如图 1-4 所示。

图 1-4　单独显示一个文件

选择其他文件后，当前文件并不会被覆盖，还是会在最上层显示，但当前文件的标题栏中的文件标题和控制按钮会显示为灰色如图 1-5 所示。再次选择该文件，即会被重新激活。

图 1-5　选择其他文件后的显示状态

6. 状态栏

状态栏位于 Photoshop CS5 操作窗口的左下角，单击状态栏右侧的 ▶ 按钮，则弹出状态栏菜单，如图 1-6 所示。

下面为弹出菜单中的选项做简要说明。

- Adobe Drive：Adobe Drive 可以连接到 Version Cue 服务器。已连接的服务器在系统中以类似于已安装的硬盘驱动器或映射网络驱动器的外观显示。在通过 Adobe

图 1-6　Photoshop CS5 的状态栏菜单

Drive 连接到服务器时，可以使用多种方法打开和保存 Version Cue 文件。

- 文档大小：在图像所占空间中显示当前所编辑图像的文档大小情况。
- 文档配置文件：在图像所占空间中显示当前所编辑图像的模式，如 RGB、灰度、CMYK 等。
- 文档尺寸：显示当前所编辑图像的尺寸大小。
- 测量比例：显示当前进行测量时的比例尺。
- 暂存盘大小：显示当前所编辑图像占用暂存盘的大小情况。
- 效率：显示当前所编辑图像操作的效率。
- 计时：显示当前所编辑图像操作所用去的时间。
- 当前工具：显示当前进行编辑图像时用到的工具名称。
- 32 位曝光：对图像曝光进行编辑只在 32 位图像中起作用。

7. 调板

调板是 Photoshop CS5 最重要的组件之一，包括了许多实用、快捷的工具和命令，它们可以自由地拆开、组合和移动，为绘制和编辑图像提供了便利的条件。在 Photoshop CS5 中，所有调板以图标形式显示在界面右侧，执行"窗口"菜单中的相应命令，即可打开对应的调板，总共包括 11 个调板组，如图 1-7 所示。

图 1-7　调板图标显示

单击其中一个调板图标后，将显示该调板，如图 1-8 所示；如果需要打开另外一个调板组，单击另一个调板图标即可显示该调板组，如图 1-9 所示；使用鼠标按住调板组中任意一个调板的标题不放，向窗口中拖动，当将其拖动到调板组外时，松开鼠标左键，该调板将形成独立的调板，如图 1-10 所示。

图 1-8　显示调板

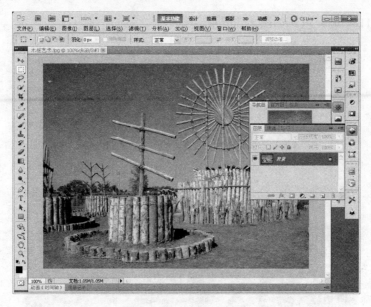

图 1-9　显示另一调板组

图 1-10　形成的独立调板

 要想隐藏打开的调板，可以再次单击该调板的图标，或者是单击调板组右上角的双三角▶▶按钮。

　　绘制图形时，经常需要为图形选择不同的选项和数值，此时，就可以通过调板来直接操作，通过选择"窗口"菜单中的各个命令可以设置调板。

1.2　Photoshop CS5 的新增功能

Photoshop CS5 中除了常用的基本功能外，还增加了一系列的新功能。

1. 新增的"Mini Bridge 中浏览"命令

使用 Photoshop CS5 中的"Mini Bridge 中浏览"命令，可以方便地在工作环境中访问媒体资源。

2. 镜头自动更正

Adobe 从机身和镜头的构造上着手实现了镜头的自动更正，主要包括减轻枕形失真，修饰曝光不足的黑色部分以及修复色彩失焦。当然这一调节也支持手动操作，用户可以根据自己的不同情况进行修复设置，并且可以从中找到最佳的配置方案。

3. 更新对高动态范围摄影技术的支持

此功能可把曝光程度不同的影像结合起来，产生想要的景象。Adobe 认为，Photoshop CS5 的 HDR Pro 功能已超越目前市面上最常用的同类工具——HDRsoft 的 Photomatix。Photoshop CS5 的 HDR Pro 功能可用来修补太亮或太暗的画面，也可用来营造奇异的、仿佛置身另一世界的景观。

4. 内容自动填补

此功能可让你删除相片中的某个区域，遗留的空白区块由 Photoshop 自动填补，即使是复杂的背景也没问题。此功能也适用于填补相片四角的空白。

5. 新增的"选择性粘贴"命令

使用"选择性粘贴"中的"原位粘贴"、"贴入"和"外部粘贴"命令，可以根据需要在复制图像的原位置粘贴图像，或者有所选择的粘贴复制图像的某一部分。

6. 操控变形功能

操控变形功能可以在一张图上建立网格，然后用"大头针"固定特定的位置后，其他的点就可以通过简单的拖拉操作来移动。

7. 64 位 Mac OS X 支持

Photoshop CS5 已经在 Windows 系统上实现了 64 位，现在它也能平行移入 Mac 平台，从此 Mac 用户将可以使用 4GB 的内存处理更大的图片了。

8. 全新笔刷系统

本次升级的笔刷系统以画笔和染料的物理特性为依托，新增多个参数，可表现较为强烈的真实感，包括墨水流量、笔刷形状以及混合效果。

9. 处理高管相机中的 RAW 文件

本次的优化主要是基于 Lightroom 3，在无损的条件下图片的降噪和锐化处理效果更加优化。

10. 增强的 3D 功能

Photoshop CS5 中对模型的灯光设置、材质、渲染等方面都进行了增强。结合这些功能，在 Photoshop 中可以绘制透视效果精确的三维效果图，也可以辅助三维软件创建模型的材质贴图。这些功能大大拓展了 Photoshop 的应用范围。

1.3　图像与图形的基础知识

在学习 Photoshop CS5 的入门阶段，掌握一些关于图像和图形的基本概念，十分有助于读者对软件的进一步学习，这也是进行软件学习和作品创建的必要条件。

1. 位图图像与矢量图形

计算机记录数字图像的方式有两种：一种是用像素点阵方法记录，即位图；另一种是通过数学方法记录，即矢量图。Photoshop 在不断升级的过程中，功能越来越强大，但编辑对象仍然是针对位图。

- 位图图像：位图图像由许许多多的被称之为像素的点所组成，这些不同颜色的点按照一定的次序排列，就组成了色彩斑斓的图像。图像的大小取决于像素数目的多少，图形的颜色取决于像素的颜色。位图图像在保存时，能够记录下每一个点的数据信息，因而可以精确地记录色调丰富的图像，达到照片般的品质，如图 1-11 所示。位图图像文件可以很容易地在不同软件之间交换，而缺点则是在缩放和旋转时会产生图像的失真现象，同时这种文件尺寸较大，对内存和硬盘空间容量的需求也较高。

- 矢量图形：矢量图形又称向量图，是以线条和颜色块为主构成的图形。矢量图形与分辨率无关，而且可以任意改变大小以进行输出，图片的观看质量也不会受到影响，这些主要是因为其线条的形状、位置、曲率等属性都是通过数学公式进行描述和记录的。矢量图形文件所占的磁盘空间比较少，非常适用于网络传输，也经常被应用在标志设计、插图设计以及工程绘图等专业设计领域。但矢量图的色彩较之位图相对单调，无法像位图一般真实地表现自然界的颜色变化，如图 1-12 所示。

像素是组成位图图像的最小单位。一个图像文件的像素越多，更多的细节就越能被充分表现出来，从而图像质量也就随之更高。但同时保存文件所需的磁盘空间也会越多，编辑和处理的速度也会变慢。

位图图像的成像效果与分辨率的设置有关。当位图图像以过低的分辨率打印或是以较大的倍数放大显示时，图像的边缘就会出现锯齿，如图 1-13 所示。所以，在制作和编辑位图图像之前，应该首先根据输出的要求调整图像的分辨率。

原图　　　　局部放大效果

图 1-11　位图图像　　　　图 1-12　矢量图形　　　　图 1-13　放大后的位图图像

2. 分辨率

分辨率对于数字图像的显示及打印等方面，都起着至关重要的作用，常以"宽×高"的形式来表示。分辨率对于用户来说显得有些抽象，在此，编者将分门别类地向大家介绍如何正确使用分辨率，以便以最快的速度掌握该知识点。一般情况下，分辨率分为图像分辨率、屏幕分辨率以及打印分辨率几种。

- 图像分辨率：图像分辨率通常以像素/英寸来表示，是指图像中每单位长度含有的像素数目。例如，分辨率为 300 像素/英寸的 1×1 英寸的图像总共包含 90 000 个像素，而分辨率为 72 像素/英寸的图像只包含 5184 个像素（72 像素宽×72 像素高=5184）。但分辨率并不是越大越好，分辨率越大，图像文件越大，在进行处理时所需的内存和 CPU 处理时间也就越多。不过，分辨率高的图像比相同打印尺寸的低分辨率图像包含更多的像素，因而图像会更加清楚细腻。

- 屏幕分辨率：屏幕分辨率就是指显示器分辨率，即显示器上每单位长度显示的像素或点的数量，通常以点/英寸（dpi）来表示。显示器分辨率取决于显示器的大小及其像素设置。显示器在显示图像时，会将图像像素直接转换为显示器像素，这样当图像分辨率高于显示器分辨率时，在屏幕上显示的图像比其指定的打印尺寸大。一般显示器的分辨率为 72dpi 或 96dpi。

- 打印分辨率：激光打印机（包括照排机）等输出设备产生的每英寸油墨点数（dpi）就是打印机分辨率。大部分桌面激光打印机的分辨率为 300dpi 到 600dpi，而高档照排机能够以 1200dpi 或更高的分辨率进行打印。

图像的最终用途决定了图像分辨率的设定。用于印刷的图像，分辨率应不低于 300dpi；如果要对图像进行打印输出，则需要符合打印机或其他输出设备的要求；应用于网络的图像，分辨率只需满足典型的显示器分辨率即可。

3. 图像的存储格式

图像文件有很多种存储格式，对于同一幅图像，有的文件小，有的文件则非常大，这是因为文件的压缩形式不同。小文件可能会损失很多的图像信息，因而存储空间小，而大的文件则会更好地保持图像质量。总之，不同的文件格式有不同的特点，只有熟练掌握各种文件格式的特点，才能扬长避短，提高图像处理的效率，下面介绍 Photoshop CS5 中图像的存储格式。

Photoshop CS5 可以支持包括 PSD、TIF、JPG、BMP、PCX、FLM、GIF、PNTG、IFF、RAW 和 SCT 等在内的 20 多种文件存储格式。当打开图像文件时，会弹出如图 1-14 所示的对话框，当保存文件时，会弹出如图 1-15 所示的对话框。在这两个对话框中都可以看到一些文件格式选项。

> 有的格式在"打开"对话框中存在，而在"存储为"对话框中不存在，如：3D Studio、Filmstrip、OpenEXR 等文件格式，这表明这些格式可以在 Photoshop 中打开，但是不能保存为原来的格式，只能将修改后的图像存储为另外的格式。

下面简单介绍几种常用的文件格式。

- PSD（*.PSD）：PSD 格式是 Photoshop 新建和保存图像文件默认的格式。PSD 格式是唯一可支持所有图像模式的格式，并且可以存储在 Photoshop 中建立的所有图层、通道、参考线、注释和颜色模式等信息。因此，对于没有编辑完成，下次需要继续编辑的文件最好保存为 PSD 格式。但由于 PSD 格式所包含的图像数据信息较多，所以尽管在保存时会进行压缩，这种格式的文件仍然要比其他格式的图像文件大很多。PSD 文件保留所有原图像数据信息，因此修改起来十分方便。

图 1-14　"打开"对话框　　　　　　　图 1-15　"存储为"对话框

- BMP（*.BMP）：BMP 是 Windows 平台标准的位图格式，很多软件都支持该格式，其使用非常广泛。BMP 格式支持 RGB、索引颜色、灰度和位图颜色模式，不支持 CMYK 颜色模式的图像，也不支持 Alpha 通道。在 Photoshop 中，将文件存储为 BMP 格式时，会弹出如图 1-16 所示的"BMP 选项"对话框，从中可以选择 Windows 或者 OS/2 两种格式，还可以选择 16 位，24 位，32 位的深度。如果单击"高级模式"按钮，这时会弹出"BMP 高级模式"对话框，如图 1-17 所示。16 位下可以选择 X1 R5 G5 B5，R5 G6 B5，X4 R4 G5 B4 三种模式中的一种。对于使用 Windows 格式的 4 位和 8 位图像，可以指定采用 RLE（运行长度编码），这种压缩方案不会损失数据。

图 1-16　"BMP 选项"对话框　　　　　图 1-17　"BMP 高级模式"对话框

- GIF（*.GIF）：GIF 格式也是通用的图像格式之一，由于最多只能保存 256 种颜色，且使用 LZW 压缩方式压缩文件，因此 GIF 格式保存的文件非常小，不会占用太多的磁盘空间，非常适合用于 Internet 上的图片传输。GIF 采用两种保存格式，一种为"正常"格式，可以支持透明背景和动画格式；另一种为"交错"格式，可让图像在网络上由模糊逐渐转为清晰的方式显示。将文件存储为 GIF 格式时，会弹出图 1-18

所示的对话框，通过该对话框，可对将要保存的图像颜色进行设置。

 索引颜色是位图图片的一种编码方法，需要基于 RGB、CMYK 等更基本的颜色
编码方法。可以通过限制图片中的颜色总数的方法实现有损压缩。

- EPS（*.EPS）：EPS 是"Encapsulated PostScript"首字母的缩写。EPS 可同时包含像素信息和矢量信息，是一种通用的行业标准格式。在 Photoshop 中打开其他应用程序创建的包含矢量图形的 EPS 文件时，Photoshop 会对此文件进行栅格化，将矢量图形转换为像素。除了多通道模式的图像之外，其他模式的图像都可存储为 EPS 格式，但是它不支持 Alpha 通道。EPS 格式可以支持剪贴路径，可以产生镂空或蒙版效果。
- JPEG（*.JPEG）：JPEG 文件比较小，是一种高压缩比、有损压缩真彩色图像文件格式，所以在注重文件大小的领域应用很广，比如上传在网络上的大部分高颜色深度图像。在压缩保存的过程中与 GIF 格式不同，JPEG 保留 RGB 图像中的所有颜色信息，以失真最小的方式去掉一些细微数据。JPEG 图像在打开时自动解压缩。在大多数情况下，采用"最佳"品质选项产生的压缩效果与原图几乎没有区别。在将文件存储为 JPEG 格式时，可以打开图 1-19 所示的对话框。

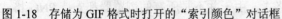

图 1-18　存储为 GIF 格式时打开的"索引颜色"对话框　　图 1-19　"JPEG 选项"对话框

可在"品质"文本框中输入 0～12 之间的数值，或者在其下拉列表中，选取低、中、高和最佳选项，还可以拖移滑块来设置文件大小。较高品质的图像在压缩时，失真小，但是保存的文件较大。反之，较低品质的图像在压缩时，失真大，但保存的文件较小。

"格式选项"下有三个单选按钮。

- "基线（'标准'）"格式：这是一种能够被大多数 Web 浏览器识别的格式。
- "基线已优化"格式：优化图像的色彩品质并产生稍微小一些的文件，但是所有 Web 浏览器都不支持这种格式。
- "连续"格式：使图像在下载时逐步显示越来越详细的整个图像，但是连续的 JPEG 文件稍大些，需要更多的内存才能显示，而且不是所有应用程序和 Web 浏览器都支持这种格式。
- PCX（*.PCX）：在当前众多的图像文件格式中，PCX 格式是比较流行的。PCX 格式支持 RGB、索引颜色、灰度和位图颜色模式，不支持 Alpha 通道。PCX 支持 RLE

压缩方式，并支持 1～24 位的图像。

- PDF（*.PDF）：PDF（可移植文档格式）格式是 Adobe 公司开发的，是一种电子出版软件的文档格式。与 PostScript 页面一样，PDF 文件可以包含位图和矢量图，还可以包含电子文档查找和导航功能，例如可包含电子链接。PDF 格式支持 RGB、索引颜色、CMYK、灰度、位图和 Lab 颜色模式，不支持 Alpha 通道。在将文件保存为 PDF 格式时，会打开如图 1-20 所示的对话框，从中可以指定压缩方式和压缩品质。在 Photoshop 中打开其他应用程序创建的 PDF 文件时，Photoshop 将对文件进行栅格化。

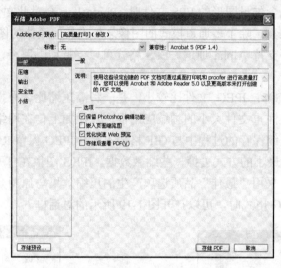

图 1-20 "存储 Adobe PDF"对话框

- PIXAR（*.PXR）：PIXAR 格式是专为与 PIXAR 图像计算机交换文件而设计的。PIXAR 格式支持带一个 Alpha 通道的 RGB 文件和灰度文件。

- PNG（*.PNG）：PNG 是 Portable Network Graphics（轻便网络图形）的缩写，是 Netscape 公司专为互联网开发的网络图像格式，由于并不是所有的浏览器都支持 PNG 格式，所以该格式使用的范围没有 GIF 和 JPEG 广泛。但不同于 GIF 图像格式的是，它可以保存 24 位的真彩色图像，并且支持透明背景和消除锯齿边缘的功能，可以在不失真的情况下压缩保存图像。PNG 格式在 RGB 和灰度颜色模式下支持 Alpha 通道，但在索引颜色和位图模式下不支持 Alpha 通道。在存储为 PNG 格式时，会打开如图 1-21 所示的对话框。

- Raw（*.RAW）：Raw 格式是一种灵活的文件格式，用于在多个应用程序和计算机平台之间传递文件。该格式支持带 Alpha 通道的 CMYK、RGB、灰度文件和不带 Alpha 通道的多通道、Lab、索引颜色、双色调文件。Raw 格式由描述文件中颜色信息的字节流组成，每个像素以二进制进行描述，0 代表黑色，255 代表白色（对于 16 位通道图像，白色值为 65 535）。在用 Raw 格式存储文件时，会打开图 1-22 所示的对话框。在"标题"文本框中输入一个数值，该数值决定在文件的开头插入多少个零作为占位符。默认情况下，不存在标题（标题大小为 0）。在对话框下部可以选择按隔行顺序或非隔行顺序的格式来存储图像。如果选择"隔行顺序"，则颜色值（例如，红、绿、蓝）会按顺序存储。

图 1-21　"PNG 选项"对话框　　　　图 1-22　"Photoshop Raw 选项"对话框

- Scitex CT（*.SCT）：Scitex 是一种高档的图像处理及印刷系统，它所使用的 SCT 格式可以用来记录 RGB 及灰度模式下的连续色调。Photoshop 中的 SCT（Scitex Continuous Tone）格式支持 CMYK、RGB 和灰度模式的文件，但不支持 Alpha 通道。将一个 CMYK 模式的图像保存成 Scitex CT 格式时，其文件尺寸非常大。这些文件通常是由 Scitex 扫描仪输入产生的图像，在 Photoshop 中处理之后，再由 Scitex 专用的输出设备进行分色网版输出，这种高档的系统可以提供极高的输出品质。

- Targa（*.TGA；*.VDA；*.ICB；*.VST）：TGA（Targa）格式专用于使用 Truevision 视频板的系统，MS-DOS 色彩应用程序普遍支持这种格式。Targa 格式支持带一个 Alpha 通道的 32 位 RGB 文件和不带 Alpha 通道的索引颜色、灰度、16 位和 24 位 RGB 文件。RGB 图像存储为这种格式时，可以打开图 1-23 所示的对话框，从中可以选择分辨率。

- TIFF（*.TIFF）：TIFF 格式是印刷行业标准的图像格式，几乎所有的图像处理软件和排版软件都对它提供了很好的支持，其通用性很强，被广泛用于程序之间和计算机平台之间进行图像数据交换。TIFF 格式支持 RGB、CMYK、Lab、索引颜色、位图和灰度颜色模式，并且在 RGB、CMYK 和灰度三种颜色模式中还支持使用通道、图层和路径。在 Photoshop CS5 中选择将文件保存为 TIFF 文件格式时，会打开如图 1-24 所示的对话框。

图 1-23　"Targa 选项"对话框　　　　图 1-24　"TIFF 选项"对话框

从中可选择存储文件为 IBM PC 兼容计算机可读的格式或 Macintosh 计算机可读的格式。在"图像压缩"设置区域中，可以选择无压缩、LZW 压缩（这是 TIFF 格式支持的一种无损失的压缩方法）、ZIP 压缩，以及 JPEG 压缩。其中对于 JPEG 压缩，还可以根据需要在品质和文件大小之间取得折中。对 TIFF 文件进行压缩，可以减少文件大小但是会增加打开和存储文件的时间。

4. 获取图像素材

在 Photoshop CS5 中，可以通过以下几种常用的方式来获取平面设计工作中需要的图像素材。

- 扫描图像：一些常见的、传统的承载图像的媒体，诸如课本、照片、杂志、宣传画、教学挂图等，要想将其中的图像输入计算机中供设计制作使用，就得借助扫描仪。随着计算机的日益普及，扫描仪已越来越多地被人们选做图像扫描工具和快捷的文本扫描输入工具。
- 用数码相机拍摄：数码相机拍摄的图像存入计算机后，可以作为设计制作素材直接使用。数码相机是使用存储卡保存拍摄的图像的。
- 通过素材光盘获取图像：市场上有许多专业的素材库光盘，其中有图库大全、矢量图库、旅游资源图库等丰富的图像素材。
- 输入其他软件生成的图像：各种应用软件间可以相互合作，并且相互关联，所以将其他软件生成的图像置入到当前软件中，也是一种获取图像的方式。

1.4 打造适合自己的 Photoshop CS5 工作环境

为了让 Photoshop CS5 运行得更为流畅，用户可以根据个人的计算机配置和工作习惯，对 Photoshop 中的一些选项进行设置。在"编辑"|"首选项"菜单命令的子菜单中包含了一系列预置命令，通过它们可对系统默认值进行修改，让 Photoshop CS5 更好地为用户服务。

1. 常规

执行"编辑"|"首选项"|"常规"命令，可以打开如图 1-25 所示的默认状态下的"首选项"对话框，在该对话框中可以对软件的拾色器、图像插值以及历史记录等内容进行相应的设置。

"首选项"对话框中各选项含义如下。

- 拾色器：在其下拉列表中可以选择 Adobe 拾色器或 Windows 拾色器，如果在 Windows 操作系统下工作，最好选择 Adobe 拾色器，因为 Windows 拾色器只涉及最基本的颜色，并且只允许根据 2 种颜色模型选出需要的颜色；而 Adobe 拾色器则可以根据 4 种颜色模型从整个色谱及 PANTONE 等颜色匹配系统中选择颜色。
- HUD 拾色器：在其下拉列表中可选择色相条纹、色相条纹（大）、色相轮、色相轮（中）、色相轮（大）选项。
- 图像插值：用来选择将一个图像的像素作为重取样或转换结束进行调整时的默认设置模式。当使用"自由变换"或"图像大小"命令时，图像中的像素数目会随图像形状的改变而发生变化，此时系统会通过图像插值选项的设置来生成或删除像素。在计算机配置允许的情况下，最好选择"两次立方"选项，因为它可以获得较为精确的效果。

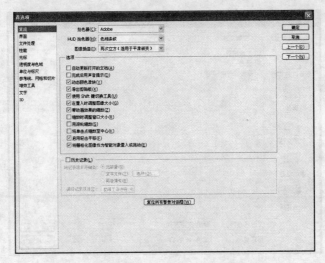

图 1-25　"首选项"对话框

- 自动更新打开的文档：勾选该复选框，在其他程序中改动过的文件在 Photoshop CS5 中打开时会自动更新。
- 完成后用声音提示：勾选该复选框，可以在完成操作命令后发出声音作为警告。
- 动态颜色滑块：勾选该复选框，设置的颜色会跟随滑块的移动而改变。
- 导出剪贴板：勾选该复选框，关闭 Photoshop 软件后，会将没有关闭时复制的内容保留在剪贴板中以供其他软件继续使用。
- 使用 Shift 键切换工具：勾选该复选框，在同一组工具中切换时，必须按住 Shift 键；如不勾选，就会恢复为使用快捷键转换。
- 在置入时调整图像大小：勾选该复选框，在粘贴或置入图像时，粘贴或置入的图像会根据当前文件的大小自动调整自身大小。
- 带动画效果的缩放：确定缩放是否带动画效果。勾选该复选框，在缩放图像时，会比较平滑，不会出现拖动的留痕。此项功能只有启用 OpenGL 绘图后才可以使用。要想启用 OpenGL 绘图，需要在"首选项"对话框中的"性能"设置区域中进行设置，此功能将在后续内容中进行进一步讲解。
- 缩放时调整窗口大小：勾选该复选框，使用快捷键缩放窗口时，窗口可以跟随图像变化自动调整大小。
- 用滚轮缩放：勾选该复选框，旋转鼠标上的滚轮即可缩放图像。
- 将单击点缩放至中心：确定是否使视图在所单击的位置居中。
- 启用轻击平移：确定使用"抓手工具"轻击时是否继续移动图像。勾选该复选框后，使用"抓手工具"单击并拖动后，图像不会在拖动的目标位置停留，会继续移动。
- 历史记录：选择历史记录的储存方式。
- 元数据：将信息存储为文件元数据。
- 文本文件：将信息存储为文本文件，选择该单选项后会弹出如图 1-26 所示的"存储"对话框，文件扩展名为（*.TXT），用户在其中可自行设置储存位置。

图 1-26 "存储"对话框

- 两者兼有：将信息同时储存为文件元数据和文本文件。
- 编辑记录项目：包含仅限工作进程、简明和详细几个选项。
- 复位所有警告对话框：单击该按钮，所有通过"不再显示"设置而隐藏的警告对话框均会重新显示。
- 上一个按钮：单击该按钮可以跳回当前"首选项"对话框中所设置命令的上一个命令。
- 下一个按钮：单击该按钮可以跳到当前"首选项"对话框中所设置命令的下一个命令。

2. 界面

执行"编辑"|"首选项"|"界面"命令，可以打开如图 1-27 所示的"首选项"对话框，用户在该对话框中可以对软件工作界面进行相应的设置。

该对话框中各选项含义如下。

- 标准屏幕模式：用来设置工作界面显示状态为"标准屏幕模式"时的"颜色"和"边界"。
- 全屏（带菜单）：用来设置工作界面显示状态为"全屏（带菜单）"时的"颜色"和"边界"。
- 全屏：用来设置工作界面显示状态为"全屏"时的"颜色"和"边界"。

以上三个设置内容中的"颜色"和"边界"所涵盖的类别相同，其中"边界"包括"直线"、"投影"和"无"三个选项，用户可以自行选择界面的颜色和边界显示。如图 1-28、图 1-29、图 1-30 所示为"标准屏幕模式"下同一幅图像的不同"边界"显示。

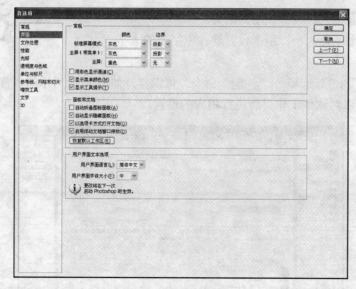

图 1-27　"首选项"对话框中的界面设置区域

图 1-28　直线边界　　　　　图 1-29　投影边界　　　　　图 1-30　无边界

- 使用彩色显示通道：勾选该复选框，可以将通道缩览图以通道对应的颜色显示。如图 1-31 所示为勾选该复选框时的通道效果，如图 1-32 所示为不勾选该复选框时的通道效果。

图 1-31　不勾选"使用彩色显示通道"时　　　图 1-32　勾选"使用彩色显示通道"时

- 显示菜单颜色：勾选该复选框，可以在菜单中以不同颜色来突出显示不同命令类型。
- 显示工具提示：勾选该复选框，将鼠标光标移动到工具上时，会在光标下面显示该工具的相关信息。
- 自动折叠图标面板：勾选该复选框，可以自动折叠调板图标。
- 自动显示隐藏面板：鼠标滑过时显示隐藏调板。
- 以选项卡方式打开文档：确定打开文档的显示方式是以选项卡还是以浮动方式。
- 启动浮动文档窗口停放：允许拖动浮动窗口到其他文档中以选项卡方式显示。

- 用户界面语言：设置使用的语言。
- 用户界面字体大小：用来设置软件中字号的大小。

3．性能

执行"编辑"|"首选项"|"性能"命令，可以打开如图 1-33 所示的"首选项"对话框，在该对话框中可以对软件工作界面进行相应的设置。

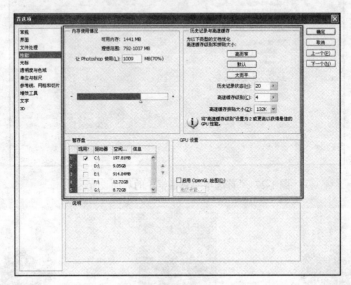

图 1-33 "首选项"对话框中的性能设置区域

该对话框中的各选项含义如下。

- 内存使用情况：查看用来分配给 Photoshop 软件的内存使用量。

 如果要获得 Photoshop 的最佳性能，应将电脑的物理内存占用的最大数量值设置在 50%～75% 之间。

- 历史记录状态：用来设置"历史记录"调板中可以保留的历史记录的数量。系统默认值为 20，数值越大，保留的历史记录就越多，但是会消耗更多的系统资源。历史记录的数最大值为 1000。
- 高速缓存级别：用来设置高速缓存的级别。在进行颜色调整或图层调整时，Photoshop 使用高速缓存来快速更新屏幕。
- 暂存盘：在处理图像时，如果系统没有足够的内存来执行命令，系统会将硬盘分区作为虚拟内存使用。Photoshop 要求一个暂存磁盘的大小至少要是目标处理图像大小的 3～5 倍。用户可以按照硬盘分区设置多个暂存盘，如图 1-34 所示。

 在设置暂存盘时，最好不要将第一暂存盘空间设置到 Photoshop 的安装盘中，这样会影响其工作性能。

- GPU 设置：用来设置硬件加速设备的使用。启动此功能后，软件中的一些菜单和工具才可以使用，例如"3D"菜单、工具箱中的"对象旋转工具" 和"相机旋转工具" 等。启动 OpenGL 绘图功能需要的内存较多，如果内存过低，即使勾选"启用 OpenGL 绘图"选框，软件中的部分功能也无法正常使用。内存为 1GB、2GB 或更高容量时都可以正常使用该功能，如图 1-35 所示。

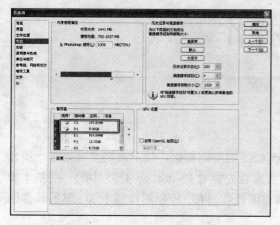 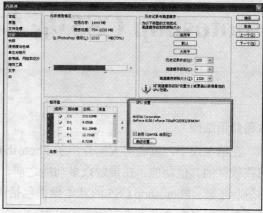

图 1-34　设置多个暂存盘　　　　　图 1-35　在较高内存下启用 OpenGL 绘图功能

"启动 OpenGL 绘图"功能和显卡的好坏也有较为紧密的关系，建议为计算机配置一个较好的独立显卡，以使各项功能能够顺利快速执行，图像的显示更为优化。

课后练习

1. 简答题

（1）Photoshop CS5 的工作界面由哪几部分组成？

（2）Photoshop CS5 的新增功能有哪些？

（3）位图图像和矢量图形的主要区别是什么？

（4）用于彩色印刷的图像分辨率通常要达到多少？

（5）在网络中，图片最常用的是什么格式？

2. 操作题

（1）根据个人使用键盘快捷键的习惯，为自己设计一套方便实用的快捷键集。

（2）根据个人需要在"首选项"对话框中进行设置，然后重启 Photoshop CS5，对设置的参数进行测试，看是否设置成功。

第 2 课
Photoshop CS5 基本操作

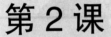

本课知识结构

在第 1 课中,编者向大家介绍了 Photoshop CS5 的基础知识,接下来将要开始进一步介绍该软件的其他功能。在接触众多功能之前,大家首先要对 Photoshop CS5 中的一些基本操作进行了解。Photoshop CS5 的基本操作包括调整图像和画布、控制图像显示等。掌握软件的基本操作,是一个非常必要的学习过程。

本课将就 Photoshop CS5 中的基本操作进行比较具体的讲解,目的是让读者掌握图像处理的操作方法,以便于以后在绘制和编辑图像过程中做到胸有成竹。

就业达标要求

☆ 掌握新建和保存文件的方法　　　　☆ 掌握如何控制图像显示

☆ 掌握如何移动、拷贝与粘贴图像　　☆ 认知标尺、网格和参考线

☆ 掌握调整图像和画布的方法　　　　☆ 了解"历史记录画笔"工具的使用方法

建议课时

2 小时

2.1　实例:制作第一幅作品(新建和保存)

在学习用 Photoshop CS5 绘制和编辑图形、图像之前,应该了解一些基本的文件操作命令,其中最基本的就是如何新建和保存文件。

1. 新建文件

(1)执行"文件"|"新建"命令,或按 Ctrl+N 快捷键,弹出"新建"对话框,单击"高级"按钮,会完全显示该对话框中的选项,如图 2-1 所示。

(2)单击"确定"按钮,即可创建一个新的文件,如图 2-2 所示。

2. 保存文件

(1)执行"文件"|"存储"命令,或按 Ctrl+S 快捷键,弹出"存储为"对话框,如图 2-3 所示。在对话框中输入要保存文件的名称,设置保存文件的路径和类型,设置完成后,

单击"保存"按钮，即可保存文件。

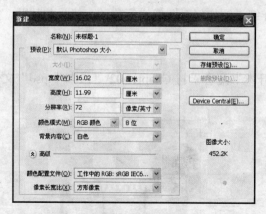
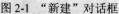

图 2-1 "新建"对话框

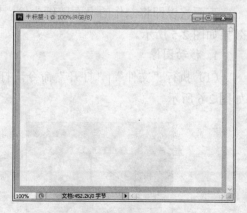

图 2-2 新建空白文档

（2）执行"文件"|"打开"命令，弹出"打开"对话框，如图 2-4 所示。选择存储的文件，单击"打开"按钮，即可打开所存储的文件。

图 2-3 "存储为"对话框

图 2-4 "打开"对话框

当对图形文件进行了各种编辑操作并保存后，再选择"文件"|"存储"命令时，将不弹出"存储为"对话框，Photoshop 将直接保存最终确认的结果，并覆盖原始文件。

若是既要保留修改过的文件，又不想放弃原文件，则可以选择"文件"|"存储为"命令，或按 Ctrl+Shift+S 快捷键，弹出"存储为"对话框，在对话框中可以为修改过的文件重新命名，并设置文件的保存路径和类型。设置完成后，单击"保存"按钮，原文件依旧保留不变，修改过的文件被另存为一个新的文件。

2.2 实例：制作桌面壁纸（移动、拷贝与粘贴图像）

在前面的内容中，编者向读者介绍了如何新建和保存文件，接下来要讲解如何移动、拷贝与粘贴图像，这些也是 Photoshop CS5 中的基本操作。

下面将以即将制作的桌面壁纸为例，详细讲解如何对图像进行移动、拷贝与粘贴，完成效果如图 2-5 所示。

1. 移动图像

（1）执行"文件"|"打开"命令，打开本书配套素材\Chapter-02\"黑咖啡.psd"文件，如图 2-6 所示。

图 2-5　完成效果　　　　　　　　　　　图 2-6　素材文件

（2）选择工具箱中的"移动"工具 ，单击并拖动胶卷图像到如图 2-7 所示的位置。

图 2-7　移动图像

（3）参照图 2-8 所示在"图层"调板中设置图层的混合模式和总体不透明度，效果如图 2-9 所示。

图 2-8　"图层"调板　　　　　　　　　　图 2-9　调整图像的混合模式的效果

2. 拷贝图像

（1）执行"文件"|"打开"命令，打开本书配套素材\Chapter-02\"装饰元素.psd"文件，然后选择"图层 1"，如图 2-10、图 2-11 所示。

（2）选择工具箱中的"矩形选框"工具 ，参照图 2-12 所示框选装饰图像，然后执行"编辑"|"拷贝"命令。

3. 粘贴图像

（1）切换到当前正在编辑的文档中，执行"编辑"|"粘贴"命令，粘贴装饰图像，并调

整位置和混合模式，操作过程及效果如图 2-13～图 2-15 所示。

图 2-10　素材文件

图 2-11　"图层"调板

图 2-12　框选装饰图像

图 2-13　粘贴图像

图 2-14　调整图像

图 2-15　"图层"调板中的设置

（2）使用相同方法将文字元素拷贝到当前正在编辑的文档中，并调整位置，效果如图 2-16 所示，"图层"调板中的状态如图 2-17 所示。

图 2-16　拷贝文字元素

图 2-17　"图层"调板中的状态

（3）单击"图层"调板底部的"添加图层样式" *fx.* 按钮，在弹出的菜单中选择"外发光"命令，打开"图层样式"对话框，参照图 2-18 所示在该对话框中设置参数，单击"确定"按钮，为文字图像添加外发光效果，如图 2-19 所示。

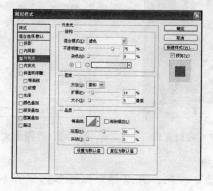

图 2-18　"图层样式"对话框

图 2-19　外发光效果

（4）执行"图层"|"图层样式"|"拷贝图层样式"命令，然后选择"图层 3"，执行"图层"|"图层样式"|"粘贴图层样式"命令，拷贝图层样式到另一处文字图像中，然后设置文字图像的混合模式均为"柔光"，完成壁纸的制作，"图层"调板中的设置如图 2-20 所示，效果如图 2-21 所示。

图 2-20 "图层"调板中的设置   图 2-21   拷贝图层样式

2.3 实例：晚莲（调整图像和画布）

图像的尺寸和分辨率对于设计者来说是非常重要的。无论是用于打印输出或在屏幕上显示的图像，制作时都需要设置图像的尺寸和分辨率，这样才能按要求进行创作。有效的更改图像的分辨率，会有助于大幅度提高工作效率。

下面将以即将制作的晚莲图像效果为例，详细讲解调整图像和画布的方法，完成效果如图 2-22 所示。

1. 调整图像大小

（1）执行"文件"|"打开"命令，打开本书配套素材\Chapter-02\"蓝色天空.jpg"文件，如图 2-23 所示。

（2）执行"图像"|"图像大小"命令，打开"图像大小"对话框，参照图 2-24 所示，设置"宽度"数值为 20 厘米，这时"高度"项也随之发生变化，设置"分辨率"参数为 100 像素/英寸，单击"确定"按钮完成设置，调整图像大小。

图 2-22 完成效果   图 2-23 素材文件   图 2-24 "图像大小"对话框

单击"图像大小"对话框中的"自动"按钮，可以打开如图 2-25 所示的对话框，在该对话框中，可以对图像的自动分辨率进行调整。"挂网"用于设置输出设备

的网点频率；"品质"用于设置印刷的品质，设置为"草图"时，产生的分辨率
与网点频率相同（不低于每英寸 72 像素）；设置为"好"时，产生的分辨率是网
点频率的 1.5 倍；设置为"最好"时，产生的分辨率是网点频率的 2 倍。

2. 调整画布大小

（1）执行"图像"|"画布大小"命令，打开"画布大小"对话框，参照图 2-26 所示在
对话框中设置参数。

图 2-25　"自动分辨率"对话框　　　　　图 2-26　"画布大小"对话框

提示

勾选"相对"复选框，输入的"宽度"和"高度"数值将不再代表图像的大小，
而表示图像被增加或减少的区域大小。输入的数值为正值时，表示要增加区域的
大小；输入的数值为负值时，表示要裁剪区域的大小。图 2-27～图 2-29 所示为
不勾选"相对"复选框时更改画布大小的状态，如图 2-30、图 2-31 所示为勾选
该复选框时的状态。

图 2-27　原图　　　　　　图 2-28　设置画布大小　　　　　图 2-29　裁剪效果 1

（2）完成设置后，单击"确定"按钮，这时在弹出的提示框中单击"继续"按钮，如图
2-32 所示，完成画布大小的设置，得到图 2-33 所示效果。

图 2-30　勾选"相对"复选框时更改画布大小　　图 2-31　裁剪效果 2　　　　图 2-32　提示

改变"画布大小"与"图像大小"是两个截然不同的概念，使用"图像大小"命令只能改变图像的尺寸，而不会改变图像的原貌；而如果改变"画布大小"则不但会改变图像尺寸，还可以改变图像的原貌。

3. 使用"裁剪"工具调整图像和画布

（1）打开配套素材\Chapter-02\"荷花.psd"文件。使用"裁剪"工具 ⌐在视图中绘制定界框，如图 2-34 所示。

（2）将鼠标移动到定界框的外侧时，这时鼠标变为 ↻ 状态，拖动鼠标，即可调整定界框的角度，如图 2-35 所示。

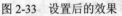

图 2-33　设置后的效果　　　　图 2-34　打开素材文件　　　　图 2-35　调整定界框的角度

（3）按下键盘上的 Enter 键，将定界框以外的图像删除，如图 2-36 所示。

（4）使用"移动"工具 ↔ 拖动荷花图像到正在编辑的文档中，调整图像位置，效果如图 2-37 所示。

4. 旋转画布

（1）打开配套素材\Chapter-02\"水滴.psd"文件，如图 2-38 所示。

图 2-36　裁剪图像效果　　　　图 2-37　移动并调整图形后的效果　　　　图 2-38　素材文件

（2）执行"图像"｜"图像旋转"｜"90 度（逆时针）"命令，调整画布的角度，如图 2-39 所示。

（3）使用"移动"工具 ↔ 拖动水滴图像到正在编辑的文档中。参照图 2-40、图 2-41 所示，调整水滴图像的位置。

图 2-39　旋转画布

图 2-40　"图层"调板

图 2-41　调整图像位置

 在进行平面设计时也会出现不规则的角度倾斜，此时只要执行菜单中的"图像"|"图像旋转"|"任意角度"命令，即可打开"旋转画布"对话框，设置需要的角度和方向就可以得到相应的旋转效果，如图 2-42～图 2-44 所示。使用"旋转画布"命令可以旋转或翻转整个图像，但不适用于设置单个图层、图层中的一部分、选区以及路径。

图 2-42　原图

图 2-43　"旋转画布"对话框

图 2-44　顺时针旋转 15 度的效果

5. 按选择区域裁剪图像

（1）打开配套素材\Chapter-02\ "流星.jpg" 文件，然后使用"矩形选框"工具 在视图中绘制图 2-45 所示矩形选区。

（2）执行"图像"|"裁剪"命令，将选区外的图像删除，并取消选区，得到图 2-46 所示效果。

图 2-45　绘制选区

图 2-46　裁剪图像

（3）使用"移动"工具 拖动流星图像到正在编辑的文档中，并调整流星图像位置，如图 2-47 所示。

 除了运用"裁剪"命令可以裁剪图像外，还可以使用"裁切"命令对图像进行裁

剪。裁切时，首先要确定要删除的像素区域，如透明色或边缘像素颜色，然后将图像中与该像素处于水平或垂直的像素的颜色与之比较，再将其进行裁切删除。执行菜单中的"图像"|"裁切"命令，可打开图 2-48 所示的"裁切"对话框。

- 基于：用来设置要裁切的像素颜色。"透明像素"表示删除图像的透明像素，该选项只有图像中存在透明区域时才会被激活，裁切透明像素的步骤及效果如图 2-49～图 2-51 所示。"左上角像素颜色"表示删除图像中与左上角像素颜色相同的图像边缘区域。"右下角像素颜色"表示删除图像中与右下角像素颜色相同的图像边缘区域。

图 2-47 移动并调整图像

图 2-48 "裁切"对话框

图 2-49 原图

图 2-50 裁切透明区域

图 2-51 裁切效果

- 载切：用来设置要裁切掉的像素位置。

2.4 实例：郁金香（控制图像显示）

图像在 Photoshop CS5 中可以根据不同情况，以不同的大小比例显示，具体来讲可以使用"缩放"工具 调整图像的显示比例；可以使用"抓手"工具 移动图像的显示区域；还可以控制图像的颜色显示。下面将详细讲解如何方便地控制图像显示。

1. 调整图像显示比例

（1）打开配套素材\Chapter-02\"郁金香.jpg"文件。使用"缩放"工具 在视图中单击，将图像放大，如图 2-52 所示。

（2）在需要放大的图像上拖动鼠标，绘制矩形选框，如图 2-53 所示，释放鼠标后，矩形选框内的图像被放大，得到图 2-54 所示效果。

（3）单击选项栏中的"缩小" 按钮，这时在视图中单击，即可将图像缩小，如图 2-55 所示。

图 2-52　放大图像　　　图 2-53　绘制矩形选框　　　图 2-54　放大局部图像

（4）参照图 2-56 所示，在视图左下角的设置框中设置显示比例的参数，调整图像显示的大小。

2. 移动显示区域

（1）使用"抓手"工具在视图中单击并拖动鼠标，即可调整图像显示的位置，如图 2-57、图 2-58 所示。

图 2-55　缩小图像　　图 2-56　缩放图像　　图 2-57　单击选择图像　　图 2-58　移动显示区域

（2）打开配套素材\Chapter-02\"菊花背景.jpg"文件。选择"抓手"工具，在选项栏中勾选"滚动所有窗口"复选框，如图 2-59 所示。

图 2-59　抓手工具选项栏

（3）在视图中单击并拖动鼠标，释放鼠标后，即可调整所有打开的图像位置，过程如图 2-60、图 2-61 所示。

3. 切换屏幕显示模式

执行"视图"|"校样颜色"命令，即可将视图中的图像以 CMYK 模式显示，如图 2-62 所示。再次执行该命令，可恢复图像显示模式。

图 2-60　素材图像　　　　　图 2-61　移动显示区域　　　　　图 2-62　切换显示模式

2.5 实例：抽线效果（标尺、网格和参考线）

设计者在平时的创作中使用软件提供的辅助工具可以大大提高工作效率，Photoshop CS5 中的辅助工具主要包括标尺、网格和参考线。下面将制作图 2-63 所示的抽线效果，来向大家介绍辅助工具是如何使用的。

1. 标尺

（1）打开配套素材\Chapter-02\"七星瓢虫.jpg"文件。执行"视图"｜"标尺"命令，打开标尺，如图 2-64 所示。

（2）右击标尺，在弹出的快捷菜单中选择"像素"选项，即可设置标尺的单位，如图 2-65 所示。

图 2-63　抽线效果　　　　图 2-64　打开素材文件及标尺　　　图 2-65　设置标尺单位

单击标尺原点并将其拖动至窗口内合适的位置，松开鼠标后，即完成原点位置的设置，原图及设置过程如图 2-66～图 2-68 所示；同样在视图左上角的纵横交叉区域内双击鼠标，可以将标尺原点还原。

2. 网格

（1）执行"视图"｜"显示"｜"网格"命令，将显示网格参考线，如图 2-69 所示。

（2）执行"编辑"｜"首选项"｜"参考线、网格和切片"命令，打开"首选项"对话框，参照图 2-70 所示设置网格的大小。

（3）完成网格大小的设置后，单击"确定"按钮，关闭对话框，得到如图 2-71 所示效果。

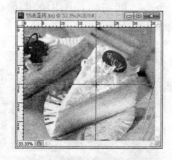

图 2-66　原图　　　　　　图 2-67　拖移鼠标　　　　　图 2-68　更改标尺原点

（4）参照图 2-72 所示，使用"矩形选框"工具 依照网格绘制多个矩形选区。

（5）新建"图层 1"，为选区填充黑色。然后按快捷键 Ctrl+Shift+I，反转选区，为选区填充白色，取消选区，得到如图 2-73 所示效果。

图 2-69　显示网格参考线

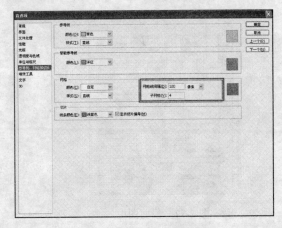
图 2-70　"首选项"对话框

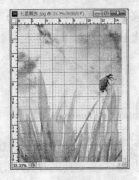
图 2-71　设置网格的大小

图 2-72　绘制选区

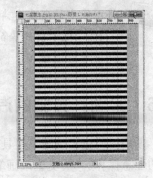
图 2-73　为选区设置颜色

（6）保持"图层 1"为选中状态，在"图层"调板中设置混合模式为"柔光"选项，如图 2-74 所示，得到如图 2-75 所示效果。

3．参考线

（1）在标尺上单击并拖动鼠标，释放鼠标后，即可创建参考线，如图 2-76 所示。

图 2-74　"图层"调板

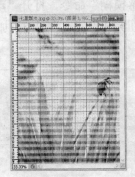
图 2-75　设置图像混合模式后的效果

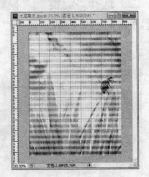
图 2-76　创建参考线

（2）参照图 2-77 所示，使用"裁剪"工具 在视图中绘制定界框，按下键盘上 Enter 键，将不完整的图像删除。

（3）配合键盘上的 Ctrl+R、Ctrl+'组合键，关闭标尺和网格，得到图 2-78 所示效果。

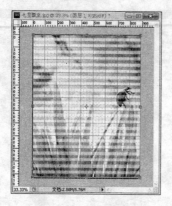

图 2-77　裁剪图像

图 2-78　关闭标尺和网格

> **技巧**　如果需要删除图像中所有的参考线，执行"视图"|"清除参考线"命令，就可以将图像中的所有参考线删除。如果只是要删除一条或几条参考线，使用"移动"工具 拖动要删除的参考线到标尺处即可。图像中的参考线只有在标尺存在的前提下才可以使用。

2.6　实例：奔驰的汽车（历史记录画笔工具）

使用"历史记录画笔工具" 结合"历史记录"调板，可以帮助用户方便地恢复图像之前的任意操作。"历史记录画笔工具" 常用于为图像恢复操作步骤，该工具的使用方法与"画笔"工具较为相似，只是需要结合"历史记录"调板，才能更方便地发挥其功能。

下面将制作如图 2-79 所示的油画效果，通过本例，大家将了解如何使用"历史记录画笔工具" 结合"历史记录"调板对图像进行恢复操作步骤。

1. 历史记录画笔工具

（1）打开配套素材\Chapter-02\"汽车.jpg"文件，如图 2-80 所示。

（2）选择"滤镜"|"模糊"|"动感模糊"命令，打开"动感模糊"对话框，参照图 2-81 所示设置对话框参数，单击"确定"按钮完成设置，为图像添加动感模糊效果，如图 2-82 所示。

图 2-79　完成效果

图 2-80　素材图像

图 2-81　"动感模糊"对话框

（3）在"历史记录"调板中的"打开"历史记录状态前单击，设置历史记录画笔的源，如图 2-83 所示。

（4）参照图 2-84 所示，使用"历史记录画笔工具" 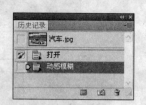 在视图中绘制，得到历史记录画笔的源图像。

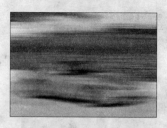

图 2-82　添加滤镜后的效果

图 2-83　"历史记录"调板

2. 历史记录艺术画笔工具

"历史记录画笔工具"工具组中还包括"历史记录艺术画笔工具"，如图 2-85 所示。使用"历史记录艺术画笔工具"结合"历史记录"调板也可以很方便地将图像恢复至任意操作步骤下的效果。

图 2-84　绘制源图像

图 2-85　"历史记录画笔工具"工具组

"历史记录艺术画笔工具"通常用在制作艺术效果图像方面，其使用方法与"历史记录画笔工具"基本相同。

在工具箱中单击"历史记录艺术画笔工具"后，选项栏会自动显示所对应的选项设置，用户可以根据需要进行相应的属性设置，如图 2-86 所示。

图 2-86　历史记录艺术画笔工具选项栏

选项栏中各选项含义如下。

- 样式：其下拉列表中的选项用来控制艺术效果的风格，具体效果如图 2-87 所示。
- 区域：用来控制产生艺术效果的范围，取值范围是 0～500，数值越大，范围越广。
- 容差：用来控制图像的色彩保留程度。

3. 历史记录调板

"历史记录"调板将对图像的操作进行记录并存储，选择任意历史记录状态可以将图像转换到所选状态，示范操作过程如图 2-88～图 2-90 所示。需要注意的是"历史记录"调板只记录当前的操作，当文档存储并关闭后，这些记录不存储，也就是说再次打开文档后"历史记录"调板为初始状态。

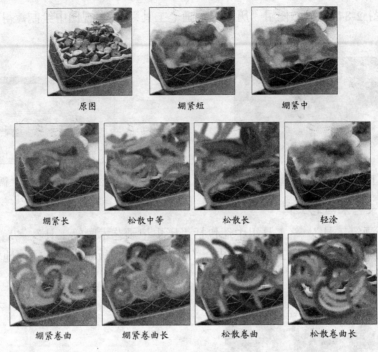

| 原图 | 绷紧短 | 绷紧中 |

| 绷紧长 | 松散中等 | 松散长 | 轻涂 |

| 绷紧卷曲 | 绷紧卷曲长 | 松散卷曲 | 松散卷曲长 |

图 2-87　各种艺术效果风格

图 2-88　恢复图像　　图 2-89　"历史记录"调板1　　图 2-90　"历史记录"调板2

课后练习

1. 去除图像透明像素，效果如图 2-91 所示。

要求：

（1）准备一幅素材图像。

（2）使用"裁切"命令去除图像中的透明像素。

2. 为图像添加彩色边框，效果如图 2-92 所示。

图 2-91　去除图像透明像素

图 2-92　为图像添加彩色边框

要求：

（1）准备一幅素材图像。

（2）利用在"画布大小"对话框中对画布扩展颜色的设置为图像添加彩色边框。

第3课
选　　区

本课知识结构

　　在 Photoshop 中编辑和处理图像时，只有选定了要执行操作功能的区域范围时，才可以进行有效的编辑，所进行的编辑对选取范围以外的图像区域不起作用。选取范围的优劣、准确与否，都与图像编辑的成败有着密切的关系。因此，在最短时间内进行有效地、精确地范围选取能够提高工作效率和图像质量，创作出精美的设计作品。

　　使用选取工具进行范围选取是一项比较重要的工作，本课将对创建、编辑、运算选区等操作进行详细讲解，希望读者通过本课的学习，可以对选区及其相关操作有一个全面了解，从而对日后的学习和工作都有所帮助。

就业达标要求

　　☆　掌握如何使用选框工具创建选区　　　☆　掌握如何修饰选区
　　☆　掌握如何使用套索工具创建选区　　　☆　掌握如何进行图像的变换
　　☆　掌握如何使用颜色范围创建选区　　　☆　掌握如何调整选区的边缘
　　☆　掌握如何进行选区运算　　　　　　　☆　掌握如何智能去除背景
　　☆　掌握编辑选区的方法

建议课时

　　3 小时

3.1　实例：圣诞贺卡（使用选框工具创建选区）

　　在 Photoshop CS5 中，用来创建规则选区的工具被集中在选框工具组中，其中包括可以创建矩形选区的"矩形选框"工具 、创建正圆与椭圆选区的"椭圆选框"工具 以及用来创建长或宽为一个像素选区的"单行选框"工具 和"单列选框"工具 。

　　下面将通过制作圣诞贺卡来向大家介绍选框工具组中部分工具在创建选区时具体是如何操作的，示例完成效果如图 3-1 所示。

1. 椭圆选框工具

（1）选择"文件"|"打开"命令，打开配套素材\Chapter-03\"贺卡背景.jpg"文件，如图 3-2 所示。

图 3-1　完成效果

图 3-2　打开素材文件

（2）新建"图层 1"，选择工具箱中的"椭圆选框"工具 ，参照图 3-3 所示在背景图像中创建选区，为选区填充白色后，按下键盘上的 **Ctrl+D** 快捷键取消选区，效果如图 3-4 所示。

（3）参照图 3-5 所示复制"图层 1"得到多个副本，然后分别调整图层总体的不透明度为 20%，作为装饰图像，效果如图 3-6 所示，"图层"调板中的情况如图 3-7 所示。

图 3-3　创建选区

图 3-4　为选区填充白色

图 3-5　复制图像

图 3-6　调整图像的不透明度

图 3-7　"图层"调板

（4）群组装饰图像所在图层，新建"图层 2"，使用"椭圆选框"工具 在视图中绘制选区，为其填充白色后，以相同的方法在新建的图层中继续创建椭圆形，作为雪人的身体和头部图像，如图 3-8～图 3-10 所示。

（5）使用"椭圆选框"工具 为雪人创建一只眼睛，为其填充黑色后取消选区，然后复制图像并调整其位置，效果如图 3-11 所示，"图层"调板如图 3-12 所示。

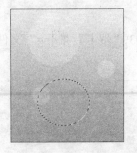
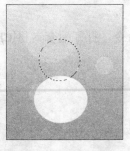

图 3-8　创建选区　　　　图 3-9　继续创建选区　　　　图 3-10　创建的雪人图像

2. 矩形选框工具

（1）选择工具箱中的"矩形选框"工具 ，参照图 3-13 所示在视图中创建选区，填充土黄色（C：24、M：60、Y：67、K：0），如图 3-14 所示。取消选区后，执行"编辑" | "自由变换"命令，调整图像的旋转角度，使其作为雪人的鼻部图形，如图 3-15 所示。

图 3-11　创建眼睛图像　　　图 3-12　"图层"调板　　　图 3-13　创建选区

（2）使用"矩形选框"工具 参照图 3-16 所示在视图中创建选区，然后选择"椭圆选框"工具 ，单击选项栏中的"添加到选区" 按钮，在已有的选区上加选，创建出新形状的选区，如图 3-17 所示。

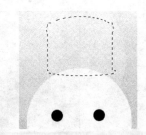

图 3-14　填充颜色　　图 3-15　调整图像角度　　图 3-16　创建矩形选区　　图 3-17　创建新形状的选区

（3）新建"图层 6"，选择"渐变"工具 ，在选项栏中单击渐变色条，弹出"渐变编辑器"对话框，参照图 3-18 所示在该对话框中进行设置，单击"确定"按钮后，使用该工具在选区中由左上角向右下角进行拖曳，创建线性渐变效果，如图 3-19 所示。

（4）使用"椭圆选框"工具 在视图中创建椭圆选区，然后使用"渐变"工具 在新建的图层中创建线性渐变效果，操作过程及"图层"调板如图 3-20～图 3-23 所示。

图 3-18 "渐变编辑器"对话框

图 3-19 创建线性渐变效果

图 3-20 创建选区

图 3-21 创建渐变效果

图 3-22 调整图像的位置

图 3-23 "图层"调板

（5）使用相同的方法，创建出雪人围脖的图像，效果如图 3-24 所示。

图 3-24 创建围脖图像

（6）选择"椭圆选框"工具 ◯，在视图中创建选区，然后单击选项栏中的"从选区减去"
█ 按钮，在已有的选区中进行绘制，创建出一个圆环选区，在新建图层后，为其填充浅灰色
（C：20、M：24、Y：19、K：0），如图 3-25 所示。

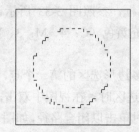

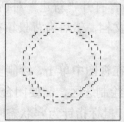

图 3-25 创建圆环图像

（7）复制圆环图像，并调整图像的位置，如图 3-26、图 3-27 所示。

（8）使用"矩形选框"工具▣在视图中创建选区，新建图层，填充棕色（C：46、M：64、Y：69、K：3），然后复制图像，并调整位置和角度，操作方法如图 3-28、图 3-29 所示。

图 3-26　复制图像

图 3-27　"图层"调板中的情况

图 3-28　创建雪人的手臂图像

（9）群组雪人图像，然后使用"横排文字"工具 T在视图中输入文字，完成圣诞贺卡的制作，如图 3-30、图 3-31 所示。

图 3-29　"图层"调板中的情况

图 3-30　创建文字

图 3-31　"图层"调板

3.2　实例：时尚图像组（使用套索工具创建选区）

在多数情况下用户所要选取的范围并不是规则的区域范围，因此 Photoshop 专门提供了用来创建不规则选区的套索工具组。套索工具组包含三个工具，即"套索"工具 、"多边形套索"工具 和"磁性套索"工具 。

下面将制作如图 3-32 所示的时尚图像，通过此例，我们将向读者讲解套索工具组在实际操作中是如何运用的。

1. 多边形套索工具

（1）选择"文件"|"新建"命令，打开"新建"对话框，参照图 3-33 所示设置页面大小，单击"确定"按钮，创建一个新文档，然后为背景填充黄色（C：4、M：3、Y：44、K：0）。

（2）使用"多边形套索"工具 在视图中单击，绘制多边形选区的第一个点，拖动鼠标，在视图中单击，确定第二个点，继续绘制选区，需要闭合选区时，在视图中双击，即可。也可以移动鼠标与第一个单击位置重合，鼠标指针为 状态时单击以闭合路径，如图 3-34 所示。

（3）新建"图层 1"，为选区填充浅绿色（C：55、M：0、Y：37、K：0），按快捷键 Ctrl+D，取消选区，如图 3-35 所示。

（4）使用"多边形套索"工具 绘制不规则选区，并且在新建的图层中为选区设置颜色，如图 3-36、图 3-37 所示。

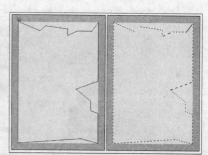

图 3-32　完成效果　　　　　图 3-33　"新建"对话框　　　　　图 3-34　绘制选区

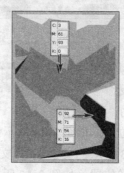

图 3-35　为选区填充颜色　　　图 3-36　绘制多边形选区　　　图 3-37　"图层"调板中的情况

 使用"多边形套索"工具绘制选区时，按住 Shift 键可沿水平、垂直或与之成 45 度角的方向绘制选区；在终点没有与起始点重叠时，双击鼠标或按住 Ctrl 键的 同时单击鼠标即可创建封闭选区。

2. 套索工具

（1）使用"套索"工具在视图中拖动鼠标以绘制选区，松开鼠标后，即可闭合选区。 然后在新建的图层中为选区填充黄色，如图 3-38 所示。

（2）参照图 3-39 所示，使用"套索"工具继续在视图中绘制选区，并在新建的图层 中为选区设置颜色。

3. 磁性套索工具

（1）打开配套素材\Chapter-03\"单色人物.jpg"文件，如图 3-40 所示。

（2）选择"磁性套索"工具，并在其选项栏中设置参数，如图 3-41 所示。

（3）使用"磁性套索"工具在人物图像上单击确定选区的起点，沿图像边缘拖动鼠标， 在图像上添加紧固点，当移动鼠标回到起点时，这时鼠标变为状态，单击即可封闭选区， 如图 3-42 所示。

 使用"磁性套索"工具创建选区时，如果在对象的边缘外生成了多余的紧固点，按键盘上 Delete 键，即可将其删除。

图 3-38　绘制选区　　　　图 3-39　继续绘制选区　　图 3-40　素材文件

图 3-41　"磁性套索工具"选项栏中的参数

（4）使用"移动"工具 拖动选区内的图像到正在编辑的文档中，按快捷键 Ctrl+T，调整图像大小与位置，如图 3-43 所示。

（5）使用以上相同的方法，用"磁性套索"工具 选取素材图像，然后复制图像到正在编辑的文档中，调整图像大小与位置，如图 3-44 所示。

（6）打开配套素材\Chapter-03\"双色文字.psd"文件。使用"移动"工具 拖动素材图像到正在编辑的文档中，调整图像位置，如图 3-45 所示。

图 3-42　创建选区　　　图 3-43　调整图像　　图 3-44　继续复制图像　图 3-45　添加素材图像

3.3　实例：笔记本广告（使用颜色范围创建选区）

在 Photoshop CS5 中，不仅可以根据图像的外形创建选区，还可以根据选择图像的指定颜色创建图像的选区。Photoshop CS5 提供了"魔棒"工具 、"快速选择"工具 以及"色彩范围"命令来实现此功能。下面将以本节制作的笔记本广告为例，向大家讲解如何使用颜色范围创建选区，完成效果如图 3-46 所示。

1. 魔棒工具

（1）打开配套素材\Chapter-03\"电脑.jpg"、"笔记本广告背景.jpg"文件，如图 3-47、图 3-48 所示。

（2）参照图 3-49 所示，使用"魔棒"工具 在视图中单击白色区域，形成选区。

图 3-46 完成效果

图 3-47 电脑素材图像

图 3-48 背景素材图像

提示 勾选"连续"复选框后,选取范围只能是颜色相近的连续区域;不勾选"连续"复选框,选取范围可以是颜色相近的所有区域,如图 3-50、图 3-51 所示。

图 3-49 选取背景图像

图 3-50 只选取相邻的相同像素

图 3-51 选取所有相近的颜色

(3)按快捷键 Ctrl+Shift+I,反转选区。使用"移动"工具 拖动选区内的图像到"笔记本广告背景.jpg"文件中,调整图像位置,如图 3-52 所示。

(4)单击"图层"调板底部的"添加图层样式" 按钮,在弹出的快捷菜单中选择"投影"命令,打开"图层样式"对话框,参照图 3-53 所示设置对话框参数,单击"确定"按钮完成设置,为图像添加投影效果,如图 3-54 所示。

图 3-52 移动图像

图 3-53 "图层样式"对话框

图 3-54 为图像添加投影效果

(5)在"图层"调板中拖动"图层 1"到"创建新图层" 按钮位置,释放鼠标后,复制图层为"图层 1 副本",调整图像大小与位置,如图 3-55、图 3-56 所示。

2. 快速选择工具

(1)使用"快速选择"工具 在电脑屏幕中单击并拖动鼠标,选区会向外扩展并自动查找和跟随图像中定义的边缘,释放鼠标后,得到图 3-57 所示效果。

图 3-55 "图层"调板 　　图 3-56 复制图像的效果 　　图 3-57 快速创建选区

提示　如果要选取较小的图像，可以将画笔直径按照图像大小进行适当的调整，这样可以使选取范围更加精确。

（2）单击"调整"调板中的"创建新的色相/饱和度调整图层" ▓▓ 按钮，切换到"色相/饱和度"调板，参照图 3-58 所示设置调板参数，调整图像颜色，效果如图 3-59 所示。

图 3-58 "色相/饱和度"调板 　　　　　　图 3-59 调整图像颜色

3. "色彩范围"命令

（1）打开配套素材\Chapter-03\"炫彩素材.jpg"文件，如图 3-60 所示。

（2）选择"选择"|"色彩范围"命令，打开"色彩范围"对话框，设置"颜色容差"参数为 10，单击"添加到取样" ✎ 按钮，在视图中单击背景图像，使背景图像在预览框中显示为白色，如图 3-61 所示。

图 3-60 素材图像 　　　　　　图 3-61 "色彩范围"对话框

（3）完成设置后，单击"确定"按钮，得到图 3-62 所示选区。

（4）按快捷键 Ctrl+Shift+I，反转选区。使用"移动"工具 拖动选区内的图像到正在编辑的文档中，如图 3-63 所示。

图 3-62　形成选区

图 3-63　移动图像

（5）参照图 3-64、图 3-65 所示，调整图层位置，并配合快捷键 Ctrl+T，调整素材图像大小与位置。

图 3-64　"图层"调板

图 3-65　调整图像

3.4　实例：时间的隧道（选区的运算）

在 Photoshop CS5 中，用于创建选区的工具所对应的选项栏中，都提供了关于选区运算的功能按钮，用户可以通过这些按钮完成设计中需要的选区运算，从而创作出优秀的作品。下面将通过制作时间的隧道实例，向大家讲解如何对选区进行运算，完成效果如图 3-66 所示。

选区的运算

（1）打开配套素材\Chapter-03\ "格子纹理.jpg" 文件，如图 3-67 所示。

（2）参照图 3-68 所示，使用 "多边形套索" 工具 ，绘制不规则选区。

图 3-66　完成效果

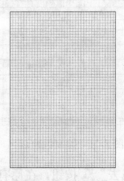

图 3-67　素材文件

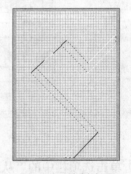

图 3-68　绘制选区

（3）选择 "矩形选框" 工具 ，并在选项栏中设置其参数，单击选项栏中的 "从选区减去" 按钮，在原有选区中单击创建矩形选区，释放鼠标后，将绘制的选区与图像原有选区重叠的部分删除，如图 3-69 所示。

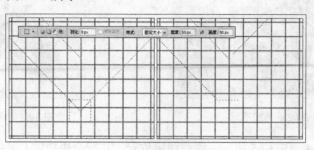

图 3-69　修剪选区

（4）单击选项栏中的"添加到选区" 按钮，在原有选区中单击创建矩形选区，释放鼠标后，将绘制的选区与原有选区合并为一个选区，如图 3-70 所示。

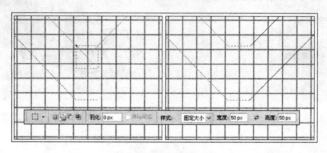

图 3-70　添加到选区

 在绘制矩形或椭圆选区时，在不松开鼠标的状态按下空格键，可以移动选区的位置，松开空格键，还可以继续绘制选区。

（5）选择"椭圆选框"工具 ，并在选项栏中设置其参数，单击选项栏中的"添加到选区" 按钮，在原有选区中单击创建正圆选区，释放鼠标后，得到图 3-71 所示的圆角选区。

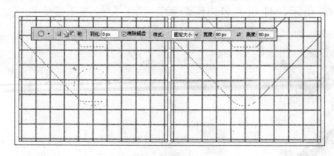

图 3-71　绘制圆角选区

（6）单击选项栏中的"从选区减去" 按钮，在原有选区中单击创建正圆选区，释放鼠标后，修剪选区得到如图 3-72 所示效果。

（7）使用同步骤（3）～步骤（6）相同的方法，继续在视图中修剪选区，得到图 3-73 所示效果。

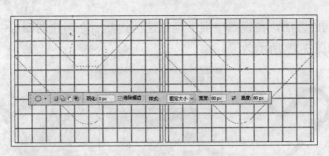

图 3-72　修剪选区

（8）参照图 3-74 所示，选择"椭圆选框"工具 ⬭，并单击选项栏中的"添加到选区" 🔲 按钮，然后配合键盘上 Alt+Shift 键在原有选区中绘制正圆选区，释放鼠标后，将其合并为一个选区。

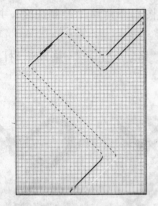

图 3-73　修饰选区

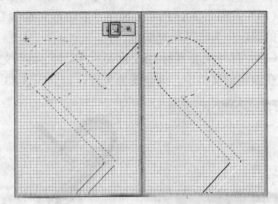

图 3-74　添加到选区

（9）单击选项栏中的"从选区减去" 🔲 按钮，并使用"椭圆选框"工具 ⬭ 在原有选区上绘制正圆选区，修剪选区，如图 3-75 所示。

（10）参照图 3-76 所示，使用"多边形套索"工具 ⬩ 在视图中绘制选区，将绘制的选区与原有选区重叠的部分删除。

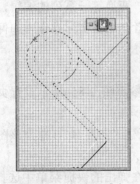

图 3-75　从选区减去

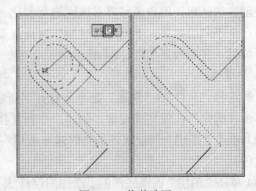

图 3-76　修剪选区

（11）使用以上相同的方法，继续对选区进行修饰，如图 3-77 所示，然后新建"图层 1"，为选区填充黑色，并按快捷键 Ctrl+D 取消选区。

（12）使用相同的方法，在视图中继续绘制选区，然后在新建的图层中为选区设置颜色，得到如图 3-78、如图 3-79 所示效果。

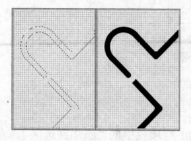

图 3-77　为选区设置颜色

图 3-78　"图层"调板 1

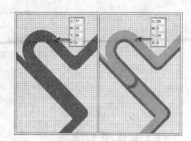
图 3-79　绘制图像

（13）参照图 3-80、图 3-81 所示，调整图像位置。

（14）参照图 3-82 所示，使用"多边形套索"工具 在视图右下角继续绘制选区，并在新建的图层中为选区填充颜色。

（15）打开配套素材\Chapter-03\ "闹钟.psd"文件。使用"移动"工具 拖动素材图像到正在编辑的文档中，调整图像位置，得到图 3-83 所示效果。

图 3-80　"图层"调板 2

图 3-81　调整图像

图 3-82　绘制选区

图 3-83　添加素材图像

3.5　实例：时尚插画（编辑选区）

在创建选区后，用户还可以对选区进行羽化、移动、平滑、变换等一系列的编辑，从而使选区产生不同的效果。下面将通过制作时尚插画效果，向读者介绍在实际操作中如何对选区进行编辑，完成效果如图 3-84 所示。

1. 平滑选区

（1）选择"文件"|"新建"命令，打开"新建"对话框，参照图 3-85 所示设置页面大小，单击"确定"按钮完成设置，创建一个新文档。

（2）单击"图层"调板底部的"创建新图层" 按钮，新建"图层 1"，并为该图层填充任意色。

（3）单击"图层"调板底部的"添加图层样式" 按钮，在弹出的快捷菜单中选择"渐变叠加"命令，打开"图层样式"对话框，参照图 3-86 所示，设置对话框参数，单击"确定"按钮完成设置，为图层添加渐变叠加效果，如图 3-87 所示。

（4）参照图 3-88 所示，使用"矩形选框"工具 绘制矩形选区。

图 3-84 完成效果

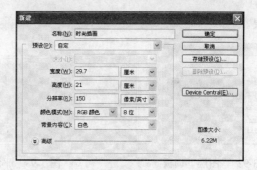
图 3-85 素材文件

（5）选择"选择"|"修改"|"平滑"命令，打开"平滑选区"对话框，设置"取样半径"参数为 30 像素，如图 3-89 所示。然后单击"确定"按钮，关闭对话框，平滑选区，得到图 3-90 所示效果。

图 3-86 "图层样式"对话框

图 3-87 添加渐变填充效果

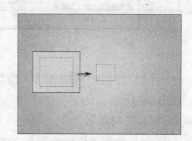
图 3-88 绘制矩形选区

（6）新建"图层 2"，为选区填充橘红色（C：6、M：61、Y：95、K：0），如图 3-91 所示。

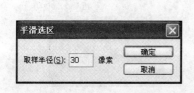
图 3-89 "平滑选区"对话框

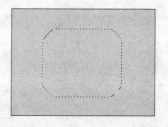
图 3-90 平滑选区的效果

图 3-91 为选区填充颜色

（7）使用相同的方法，继续平滑矩形选区，并为其填充颜色，得到图 3-92、图 3-93 所示效果。

2. 收缩选区

（1）选择"椭圆选框"工具 ，配合键盘上的 Shift 键绘制正圆图形。然后在新建的图层中为选区填充浅黄色（C：6、M：41、Y：80、K：0），如图 3-94 所示。

（2）保留选区，选择"选择"|"修改"|"收缩"命令，打开"收缩选区"对话框，如图 3-95 所示，设置"收缩量"参数为 20 像素，单击"确定"按钮完成设置，得到图 3-96 所示

效果。

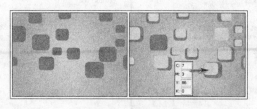
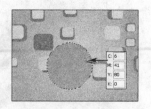

图 3-92 "图层"调板   图 3-93 平滑选区   图 3-94 绘制正圆

（3）新建图层，为选区填充浅粉色（C：2、M：12、Y：22、K：0），如图 3-97 所示。

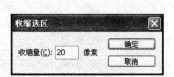

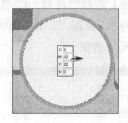

图 3-95 "收缩选区"对话框   图 3-96 收缩选区   图 3-97 为选区填充颜色

（4）使用相同的方法，继续收缩选区，并在新建的图层中为选区填充颜色，如图 3-98、图 3-99 所示。

3．变换选区

（1）使用"椭圆选框"工具 ◯ 在新建的图层中绘制浅黄色正圆（C：6、M：41、Y：80、K：0），如图 3-100 所示。

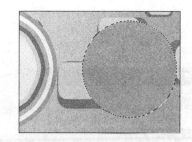

图 3-98 "图层"调板   图 3-99 收缩选区   图 3-100 绘制选区

（2）保留选区，选择"选择" | "变换选区"命令，配合键盘上 Ctrl+Shift 键调整选区大小，按键盘上 Enter 键完成调整，如图 3-101 所示。

（3）新建图层，为选区填充浅粉色（C：2、M：12、Y：22、K：0），如图 3-102 所示。

（4）使用相同的方法，继续变换选区，并在新建的图层中为选区填充颜色。

（5）参照图 3-103、图 3-104 所示，配合键盘上 Alt 键复制绘制的正圆图像，调整图像大小与位置，然后按快捷键 Ctrl+G 将绘制的所有正圆图像编组。

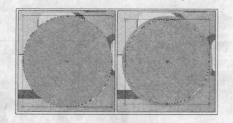

图 3-101　变换选区

图 3-102　为选区填充颜色

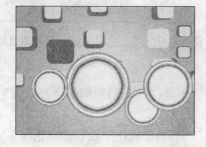

图 3-103　调整图像大小与位置

图 3-104　图层编组

4. 移动选区

（1）单击"路径"调板底部的"创建新路径" 按钮，新建"路径 1"，参照图 3-105 所示，使用"钢笔"工具绘制路径。

（2）按快捷键 Ctrl+Enter，将路径转换为选区。然后在新建的图层中为选区填充红色，如图 3-106 所示。

图 3-105　绘制路径

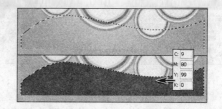

图 3-106　为选区填充颜色

（3）选择"矩形选框"工具，单击选项栏中"新选区"按钮，这时在选区内单击并拖动，即可移动选区的位置，如图 3-107 所示。

（4）在新建的图层中为选区填充浅黄色（C：5、M：27、Y：86、K：0）。继续移动选区并为其填充颜色，得到图 3-108 所示效果。

图 3-107　移动选区

图 3-108　为选区填充颜色

（5）打开配套素材\Chapter-03\"剪纸人.psd"文件，如图 3-109 所示。

（6）使用"移动"工具拖动素材图像到正在编辑的文档中，调整图像大小与位置，如

图 3-110、图 3-111 所示效果。

图 3-109　素材图像　　　　图 3-110　添加素材图像　　图 3-111　添加素材后的效果

5. 羽化选区

（1）按住键盘上的 Ctrl 键单击"创建新图层" 按钮，在当前图层下方新建"图层 20"，如图 3-112 所示。

（2）参照图 3-113 所示，使用"椭圆选框"工具 在视图中绘制椭圆选区。

（3）选择"选择"|"修改"|"羽化"命令，打开"羽化选区"对话框，如图 3-114 所示，设置"羽化半径"参数为 5 像素，单击"确定"按钮完成设置。然后为选区填充橘红色（C：6、M：61、Y：95、K：0），效果如图 3-115 所示。

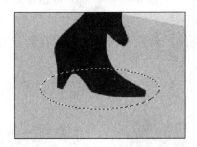

图 3-112　新建图层　　　　　图 3-113　绘制选区　　　　图 3-114　设置羽化半径参数

（4）使用相同的方法，继续羽化椭圆选区，并为其设置颜色，得到如图 3-116 所示效果。

图 3-115　羽化选区的效果　　　　　图 3-116　为选区设置颜色

3.6　实例：房产广告（修饰选区）

在创建选区后，用户可以对选区中的图像进行剪切、复制、粘贴、移动、删除等操作，而对选区可以进行描边和填充操作，Photoshop CS5 为用户提供了一系列命令来帮助用户完成相应的操作。下面将通过制作如图 3-117 所示的房产广告，向大家讲解如何实现对选区的修饰。

1. 剪切、复制和粘贴图像

（1）打开配套素材 Chapter-03\ "水上的房子.jpg" 文件，如图 3-118 所示。

图 3-117　完成效果　　　　　　　　　图 3-118　素材图像

（2）使用"矩形选框"工具 选取全部图像，如图 3-119 所示，然后选择"编辑"|"拷贝"命令，将选区内的图像复制。

> **技巧**　选择"选择"|"全部"命令，或按 Ctrl+A 快捷键，可选择整幅图像。

（3）打开配套素材\Chapter-03\ "房产广告素材.psd"文件。选择"编辑"|"粘贴"命令，将复制的图像粘贴到该文档中，如图 3-120 所示。

图 3-119　拷贝图像　　　　　　　　　图 3-120　粘贴图像

2. 移动图像

选择"移动"工具 ，在视图上单击并拖动即可移动图像，调整图像位置，如图 3-121、图 3-122 所示。

3. 删除图像

（1）参照图 3-123 所示，使用"椭圆选框"工具 在视图中绘制椭圆选区。按快捷键 Shift+F6，打开"羽化选区"对话框，如图 3-124 所示，设置"羽化半径"参数为 120 像素，单击"确定"按钮完成设置。

（2）保留选区，选中"图层 1"，按键盘上的 Delete 键，将图像删除，如图 3-125 所示。

4．选区的描边

（1）参照图 3-126 所示，选择"椭圆选框"工具 ◯，配合键盘上 Shift+Alt 键绘制正圆选区。

图 3-121 "图层"调板

图 3-122 移动图像

图 3-123 绘制椭圆选区

图 3-124 "羽化选区"对话框

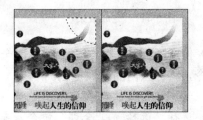
图 3-125 删除图像

（2）新建"图层 1"，选择"编辑"|"描边"命令，打开"描边"对话框，如图 3-127 所示，设置对话框参数，单击"确定"按钮完成设置，得到如图 3-128 所示效果。

图 3-126 绘制选区

图 3-127 "描边"对话框

图 3-128 为选区添加描边效果

5．填充选区

（1）新建"图层 4"，使用"椭圆选框"工具 ◯ 在视图中继续绘制正圆选区，如图 3-129 所示。

（2）选择"编辑"|"填充"命令，打开"填充"对话框，参照图 3-130 所示设置对话框参数，单击"确定"按钮完成设置，得到如图 3-131 所示效果。

图 3-129 为选区填充颜色

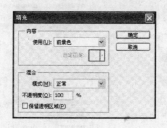
图 3-130 "填充"对话框

图 3-131 为选区填充颜色

3.7 实例：蝴蝶飞舞（图像的变换）

通过对图像的变换，可以制作出与众不同的表现效果，使原本规则的图像展现出变形效果或在位置上有所变化。运用"编辑"菜单下的"变换"命令配合一些快捷键就可以实现对图像的变换。下面就将通过制作如图 3-132 所示的图像，向大家讲解在实际操作中如何对图像进行变换。

1. 使用变换菜单变换图像

（1）打开配套素材\Chapter-03\"飞舞.jpg"文件，如图 3-133 所示。

（2）配合键盘上 Alt 键复制"荷花"图层为"荷花副本"，按快捷键 Ctrl+Shift+]，移动该图层位置，得到图 3-134 所示效果。

图 3-132 完成效果

图 3-133 素材图像

图 3-134 复制图像

（3）选择"编辑"|"变换"|"水平翻转"命令，将该图像水平翻转，调整图像位置，如图 3-135 所示。

选择"编辑"|"变换"命令，会弹出子菜单，如图 3-136 所示，用户可通过执行命令进行相应的操作或实现效果。

2. 自由变换图像

（1）配合键盘上 Alt 键复制"荷花副本"图层为"荷花副本 2"图层。

（2）选择"编辑"|"自由变换"命令，图像的周围会出现一个定界框，在定界框中单击并拖动，即可移动图像位置，如图 3-137 所示。

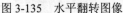

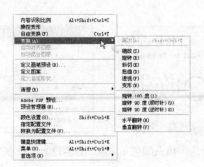

图 3-135　水平翻转图像　　　　　　　图 3-136　"变换"命令子菜单

（3）移动鼠标到定界框任意一个角的控制柄处，鼠标会变为 状态，配合键盘上 Shift 键拖动鼠标，即可等比例缩放图像，如图 3-138 所示。

（4）移动鼠标到定界框外侧时，鼠标会变为 状态，这时在视图中单击并拖动鼠标，即可旋转图像角度，如图 3-139 所示。

图 3-137　移动图像　　　　　图 3-138　调整图像大小　　　　　图 3-139　旋转图像

（5）参照图 3-140 所示，移动鼠标到定界框一侧的控制柄处，当鼠标变为 状态时拖动鼠标，即可调整图像的高度，按键盘上 Enter 键可完成自由变换的调整。

3. 重复上次变换

（1）参照图 3-141 所示，拖动"荷花副本"图层到"创建新图层"按钮的位置上，释放鼠标后，复制图层为"荷花副本 3"图层。接下来为方便读者查看，暂时隐藏"荷花副本 2"图层，效果如图 3-142 所示。

图 3-140　调整图像高度　　　　图 3-141　隐藏图层　　图 3-142　"图层"调板

（2）选择"编辑"|"变换"|"再次"命令，对"荷花副本 3"图层重复执行上次变换的操作，得到图 3-143 所示效果。

（3）选择"编辑"|"变换"|"水平翻转"命令，将该图像水平翻转。参照图 3-144、图 3-145 所示，调整图像位置，并显示"荷花副本 2"图层。

图 3-143　重复上次变换　　　图 3-144　"图层"调板　　　图 3-145　调整图像位置

4. 精确变换图像

选中"装饰"图层，按快捷键 Ctrl+T，执行"自由变换"命令，参照图 3-146 所示在选项栏中设置参数，即可精确变换图像，按键盘上 Enter 键完成设置。

5. 变形

（1）使用"单行选框"工具 ，在视图中单击创建选区，如图 3-147 所示，然后在"荷花副本 2"图层上方新建"图层 1"，为选区填充橘黄色（C：4、M：27、Y：89、K：0），并取消选区。

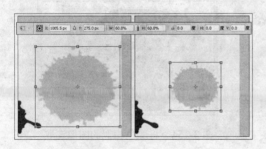 

图 3-146　精确变换图像　　　　　　　　图 3-147　为选区填充颜色

（2）选择"编辑"|"变换"|"变形"命令，即可对图像进行变形操作，如图 3-148 所示。

（3）按键盘上 Enter 键，完成对图像的变形操作，得到如图 3-149 所示效果。

图 3-148　对图像进行变形　　　　　　　图 3-149　变形效果

3.8　实例：汽车广告（应用选区）

在 Photoshop CS5 中，可以通过"扩大选取"和"选取相似"命令对创建的选区做进一步的设置，使用"调整边缘"命令可以对已经创建的选区进行半径、对比度、平滑、羽化等操作。下面将制作一幅汽车广告，通过此实例，向大家讲解如何在实际操作中应用选区，图3-150 所示为最终完成效果。

1. 选择相似的图像

（1）打开配套素材\Chapter-03\ "蓝色汽车.jpg"、"蓝倩背景.jpg" 文件，如图 3-151、图 3-152 所示。

（2）参照图 3-153 所示，使用"魔棒"工具 单击视图中的白色区域，形成选区。

（3）选择"选择"|"选取相似"命令，将颜色相似的图像选取，如图 3-154 所示。

图 3-150　完成效果

图 3-151　汽车素材

图 3-152　蓝色背景

图 3-153　选取图像

图 3-154　将颜色相似的图像选取

 在使用"选取相似"命令编辑选区时，选取范围的大小与"魔棒"工具 选项栏中的"容差"参数值的设置有关，"容差"越大选区的选取范围就会越广。

（4）使用"移动"工具 拖动选区内的图像到"蓝倩背景.jpg"文件中，调整图像位置，如图 3-155 所示。

2. 调整选区边缘

（1）参照图 3-156 所示，使用"矩形选框"工具 在视图中绘制矩形选区。

图 3-155　移动图像

图 3-156　绘制选区

（2）选择"选择"|"调整边缘"命令，打开"调整边缘"对话框，如图 3-157 所示，设置"半径"参数为 10 像素，效果如图 3-158 所示。

（3）同样在"调整边缘"对话框中，设置"对比度"参数为 25%，使柔化的边缘变得犀利，并去除选区边缘模糊的不自然感，如图 3-159、图 3-160 所示。

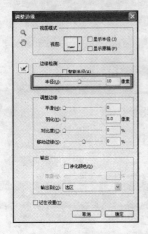
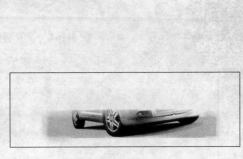

图 3-157　"调整边缘"对话框 1　　　　图 3-158　增加半径数值　　　　图 3-159　"调整边缘"对话框 2

（4）参照图 3-161 所示，设置"平滑"参数为 100，可以去除选区的锯齿状边缘，效果如图 3-162 所示。

图 3-160　增加对比度数值　　　图 3-161　"调整边缘"对话框 3　　　图 3-162　增加平滑数值

（5）继续在"调整边缘"对话框中设置"羽化"参数为 20 像素，可以使用平均模糊柔化选区边缘，如图 3-163、图 3-164 所示。

（6）参照图 3-165 所示，在"调整边缘"对话框中设置"移动边缘"参数为+10%，可以扩展选区边缘，效果如图 3-166 所示。

图 3-163 "调整边缘"对话框 4

图 3-164 设置羽化参数

图 3-165 "调整边缘"对话框 5

图 3-166 扩展图像边缘

（7）完成设置后，单击"确定"按钮，关闭对话框，得到图 3-167 所示选区。

（8）按住键盘上 Ctrl 键单击"创建新图层" 按钮，在"图层 1"下方新建"图层 2"，为选区填充白色，取消选区，得到如图 3-168 所示效果。

图 3-167 选区效果

图 3-168 为选区设置颜色

选择"选择"|"扩大选取"命令，可以将视图中原有选取范围扩大，该命令是将图像中与原有选区颜色接近，并且相连的区域扩大为新的选区，如图 3-169、图 3-170 所示。

图 3-169　素材图像　　　　　　　图 3-170　扩大选区后的效果

3.9　实例：艺术照处理（智能去背景工具）

在 Photoshop CS5 中，有一个先进的智能选择工具，可以让你更轻易把某些物件从背景中隔离出来。而先前，Photoshop 使用者必须花费大量时间做这项烦琐的工作，有时还必须购买附加程序来协助完成任务。下面将通过制作艺术照处理案例，向大家讲解如何轻松去除图像的背景，图 3-171 所示为最终完成效果。

智能去背景工具

（1）打开配套素材\Chapter-03\"棕发女子.jpg"和"小岛.jpg"文件，如图 3-172、图 3-173所示。

图 3-171　完成效果　　　　　图 3-172　"棕发女子"素材　　　　图 3-173　"小岛"素材

（2）选择工具箱中的"魔棒"工具，单击选项栏中的"添加到选区"按钮，在"棕发女子.jpg"文件中连续单击白色背景，然后执行"选择"|"反向"命令，反转选区，如图3-174、图 3-175 所示。

图 3-174　选择白色背景　　　　　　图 3-175　反转选区

（3）执行"选择"|"调整边缘"命令，打开"调整边缘"对话框，如图 3-176 所示，单击"视图"预览框右侧的按钮，在弹出的面板中选择"背景图层"视图模式，如图 3-177、图 3-178 所示。

图 3-176 "调整边缘"对话框　　　图 3-177 选择视图模式　　　图 3-178 图像显示效果

（4）参照图 3-179 所示在对话框中设置参数，调整选区边缘，视图效果如图 3-180 所示，然后单击"确定"按钮，创建新的选区，如图 3-181 所示。

图 3-179 设置参数　　　　图 3-180 视图效果　　　　图 3-181 选区效果

（5）按下键盘上的 Ctrl+C 快捷键，新建"图层 1"，然后按下 Ctrl+V 快捷键粘贴图像，将"小岛.jpg"文件拖动到当前正编辑的文件中，并调整图像之间的位置，如图 3-182～图 3-184 所示。

图 3-182 复制选区中的图像　　　图 3-183 添加素材图像　　　图 3-184 合成效果

课后练习

1. 制作食品 POP 广告，效果如图 3-185 所示。

要求：

（1）创建新文件。

（2）利用矩形选框工具和椭圆选择工具配合选区运算的方法创建背景中的装饰图形。

（3）利用套索工具和多边形套索工具配合选区运算的方法创建主体文字图形。

（4）使用钢笔工具和横排文字工具创建其他元素。

2. 制作朦胧边缘效果的照片，如图 3-186 所示。

要求：

（1）在任意一幅图像上创建比外围稍小一些的不规则形状选区。

图 3-185　食品 POP 广告　　　　图 3-186　制作照片的朦胧边缘效果

（2）使用"调整边缘"命令对选区中的图像进行扩展边缘和羽化操作。

（3）创建选区后进行反选操作。

（4）为选区填充白色，取消选区后，创建朦胧的边缘效果。

第 4 课
设置与调整图像颜色

本课知识结构

本课将介绍如何设置与调整图像颜色。Photoshop CS5 在工具箱中提供了用于颜色设置的一系列工具和按钮，在"图像"菜单中也有相关的操作命令。现实生活中充满了多姿多彩的事物，在平面设计中也不例外，色彩是设计的重要元素之一，设计者要深入了解颜色方面的相关知识，才可以做到对颜色应用自如。

本课将以实际操作的方式向读者展示相应操作方法，希望大家通过本课的学习，在设置与调整图像颜色方面有一个更为准确的认知。

就业达标要求

☆ 掌握如何设置颜色
☆ 掌握如何自动调整图像的色彩
☆ 掌握如何手动精细调整图像色彩
☆ 掌握如何调整特殊效果
☆ 掌握如何使用 HDR 色调调整图像颜色

建议课时

3 小时

4.1 实例：配色书封面（设置颜色）

设计者在 Photoshop 中进行工作时，使用颜色是必不可少的，设置颜色也是该软件非常重要的一个环节，颜色运用是否合理，会直接影响到设计作品的质量。在 Photoshop CS5 中，用户可以进行前景色和背景色的设置，可以通过"拾色器"对话框、"颜色"与"色板"调板以及"吸管工具"等设置图像颜色。

下面将通过制作图 4-1 所示的图像，向大家讲解关于设置图像颜色的相关知识。

1. 拾色器

（1）选择"文件"|"新建"命令，打开"新建"对话框，参照图 4-2 所示在对话框中进行设置，然后单击"确定"按钮，新建文件。

（2）单击"图层"调板底部的"创建新图层" 按钮，新建"图层 1"，在工具箱中选择"矩形选框"工具 ，在选项栏中单击"添加到选区" 按钮，然后参照图 4-3 所示绘制选区。

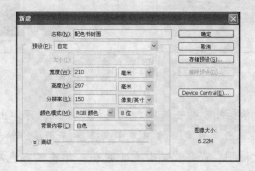

图 4-1　完成效果　　　　　图 4-2　"新建"对话框　　　　图 4-3　绘制矩形选区

（3）单击工具箱中的"设置前景色"按钮，弹出如图 4-4 所示的"拾色器（前景色）"对话框。

（4）参照图 4-5 所示，在该对话框中的 RGB 颜色模式设置区域处设置颜色值，单击"确定"按钮，完成对"前景色"的设置。

图 4-4　"拾色器（前景色）"对话框　　　　图 4-5　设置前景色

> 在"拾色器"对话框中，在一种颜色模式下设置颜色后，其余的颜色值均相应发生变化，最终所表现的是同一种颜色。

（5）按下键盘上的 Alt+Delete 快捷键为选区填充前景色，然后按下 Ctrl+D 快捷键取消选区，效果如图 4-6、图 4-7 所示。

（6）新建"图层 2"，使用"矩形选框"工具 继续在视图中绘制选区，如图 4-8 所示。

（7）单击"设置前景色"按钮，打开"拾色器（前景色）"对话框，向下拖动色谱中的颜色滑块，设置色域显示的色相到橙色区域，如图 4-9 所示。

（8）在色域中移动鼠标到需要的颜色上单击，将颜色选取，如图 4-10 所示，单击"确定"按钮，完成前景色的设置。

（9）按下键盘上的 Alt+Delete 快捷键为选区填充前景色，然后按下 Ctrl+D 快捷键取消选择，效果如图 4-11 所示。

图 4-6　填充前景色　　图 4-7　"图层"调板　图 4-8　继续绘制选区　　　图 4-9　设置色域

 在"拾色器"对话框中，单击"添加到色板"按钮，可弹出图 4-12 所示的"色板名称"对话框，单击"确定"按钮，可以将当前设置的颜色存储到"色板"调板中，以便下一次使用，而不必再记录颜色值；单击"颜色库"按钮，可以转换到"颜色库"对话框，用户可在其中选择颜色。

 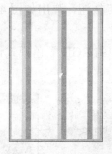 

图 4-10　选取颜色　　　　图 4-11　为选区填充颜色　　　图 4-12　"色板名称"对话框

2．"颜色"调板与"色板"调板的应用

（1）选择"窗口"|"颜色"命令，打开"颜色"调板，如图 4-13 所示。

（2）参照图 4-14 所示在"颜色"调板中输入颜色值，设置前景色。

 在"颜色"调板中，设有与工具箱中功能相同的"设置前景色"按钮和"设置背景色"按钮，单击"设置前景色"按钮，会打开"拾色器"对话框，在其中可以设置前景色，设置背景色的方法与设置前景色相同。

（3）新建"图层 3"，使用"矩形选框"工具 在视图中绘制选区，按下 Alt+Delete 快捷键为选区填充前景色，然后取消选区，效果如图 4-15 所示。

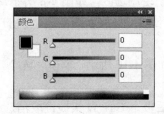 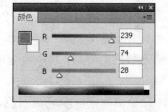 

图 4-13　"颜色"调板　　　　图 4-14　设置颜色值　　　　图 4-15　绘制选区并填充颜色

（4）参照图 4-16 所示拖动"颜色"调板中的滑块，设置新的前景色。

（5）新建"图层 4"，使用"矩形选框"工具 ![]，在视图中绘制选区，为选区填充前景色，然后取消选区，效果如图 4-17 所示。

（6）参照图 4-18 所示将光标移动到"颜色"调板中的色谱上，此时光标变为吸管形状，在桃红色域中单击鼠标，吸取前景色。

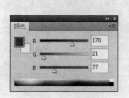  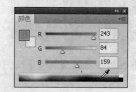

图 4-16　拖动滑块以设置颜色　　图 4-17　创建深红色条纹图像　　图 4-18　吸取前景色

（7）新建"图层 5"，使用"矩形选框"工具 ![]，在视图中绘制选区，为选区填充前景色，然后取消选区，效果如图 4-19 所示。

 单击"颜色"调板右上角的 ![] 按钮，会弹出如图 4-20 所示的菜单，在其中选择"CMYK 滑块"命令，切换到 CMYK 颜色编辑模式，可以在此调板中设置颜色值，如图 4-21 所示。

  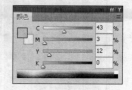

图 4-19　创建桃红色条纹图像　　图 4-20　"颜色"调板菜单　　图 4-21　CMYK 颜色编辑模式

 选择不同颜色模式滑块后，"颜色"调板会变成该模式对应的样式；选择不同的色谱，在"颜色"调板中也会有相应的显示，如图 4-22～图 4-24 所示。

  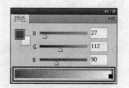

图 4-22　RGB 色谱　　图 4-23　灰度色谱　　图 4-24　当前颜色

（8）新建"图层 6"，使用"矩形选框"工具 ![]，在视图中绘制选区，为选区填充前景色，然后取消选区，效果如图 4-25 所示。

（9）选择"窗口"|"色板"命令，打开"色板"调板，如图 4-26 所示。

（10）参照图 4-27 所示将光标移动到"色板"调板中，光标将转变为吸管形状，单击"纯青豆绿"颜色，设置前景色。

（11）新建"图层 7"，使用"矩形选框"工具 在视图中绘制选区，为选区填充前景色，然后取消选区，效果如图 4-28 所示。

图 4-25　创建浅蓝色条纹图像

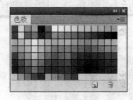
图 4-26　"色板"调板

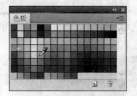
图 4-27　设置前景色

> 提示　单击"色板"调板底部的"创建前景色的新色板" 按钮，可以将设置的前景色保存到该调板中；在"色板"调板中选择颜色后将其拖动到"删除色板" 按钮上，可以将其删除。

3. 吸管工具与"信息"调板的应用

（1）选择"窗口"|"信息"命令，打开"信息"调板，单击工具箱中的"吸管"工具 ，将其移动到视图中的白色背景图像上，此时，可观察到"信息"调板发生的变化，如图 4-29～图 4-31 所示。

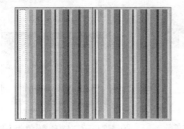
图 4-28　创建绿色条纹图像

图 4-29　"信息"调板

图 4-30　移动光标

> 提示　选择不同的工具进行操作，在"信息"调板中会显示不同的信息；单击调板右上角的 按钮，可弹出如图 4-32 所示的菜单，选择不同的命令，可进行相应的设置和操作。

图 4-31　变化后的"信息"调板

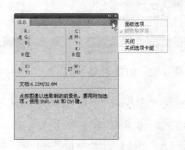
图 4-32　"信息"调板菜单

（2）使用"吸管"工具 🖊 在白色背景图像上单击，吸取白色，设置为前景色。

（3）新建"图层 8"，使用"矩形选框"工具 ▫ 在视图中绘制选区，为选区填充前景色，然后取消选区，如图 4-33 所示。

（4）单击工具箱中的"横排文字"工具 T，在视图中添加主体文字和文字信息，完成本实例的制作，效果如图 4-34 所示。

图 4-33　创建白色矩形图像

图 4-34　添加文字信息

4.2　实例：调整偏色的图像（自动调整色彩）

Photoshop CS5 中的自动调节命令是一组效用性很强的快速校正命令。这组命令中包括"自动色调"命令、"自动对比度"命令与"自动颜色"命令，打开图像后执行相应的命令，就可以完成调整操作。

下面将通过调整图 4-35 所示的绿色叶子图像，向大家讲解关于自动调整色彩的相关知识。

1. 自动校正缺乏对比的图像

（1）选择"文件"|"打开"命令，打开本书配套素材\Chapter-04\"灰色的叶子.jpg"文件，如图 4-36 所示。

图 4-35　完成效果

图 4-36　素材图像

（2）选择"图像"|"自动对比度"命令，自动对图像的对比度进行调整，效果如图 4-37 所示。

2. 自动校正图像的颜色

选择"图像"|"自动颜色"命令，可自动对图像的颜色进行调整，效果如图 4-38 所示。

"自动颜色"调整命令只能应用于 RGB 颜色模式，打开其他颜色模式的图像，该命令就会显示为灰色，从而不能使用。

3. 自动校正图像的色调

选择"图像"|"自动色调"命令，可自动调整图像的色调，效果如图 4-39 所示。

图 4-37 自动调整图像对比度   图 4-38 自动调整图像颜色   图 4-39 自动调整图像色调

4.3 实例：音乐会海报（手动精细调整色彩）

在 Photoshop 中还可以根据不同情况设置相应的命令，对图像的颜色进行手动精细调整。本节中展现的相关命令有"亮度/对比度"、"色阶"、"色相/饱和度"、"曲线"、"色彩平衡"、"黑白"以及"可选颜色"。

下面将通过制作图 4-40 所示的音乐会海报，向读者讲解关于手动精细调整色彩的相关操作知识。

1. 亮度/对比度调整

（1）选择"文件"|"打开"命令，打开本书配套素材\Chapter-04\"弹吉他的人.psd"素材文件，选择"背景"图层，如图 4-41、图 4-42 所示。

图 4-40 完成效果   图 4-41 素材文件   图 4-42 "背景"图层

（2）按下 Ctrl 键的同时单击"图层 10"的图层缩览图，载入其选区，如图 4-43、图 4-44 所示。

（3）选择"图像"|"调整"|"亮度/对比度"命令，打开"亮度/对比度"对话框，如图 4-45 所示。

（4）参照图 4-46 所示在该对话框中进行设置，单击"确定"按钮，调整选区中图像的颜色，然后取消选区，效果如图 4-47 所示。

2. 色阶调整

（1）按下 Ctrl 键的同时单击"图层 2"图层缩览图，载入其选区，如图 4-48、图 4-49

所示。

  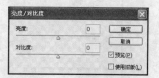

图 4-43　单击"图层 10"缩览图　　　图 4-44　载入选区　　　　图 4-45　"亮度/对比度"对话框

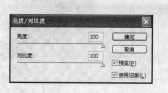  

图 4-46　设置"亮度/对比度"对话框中的参数　　图 4-47　调整图像颜色　　图 4-48　单击"图层 2"缩览图

　　（2）选择"图像"|"调整"|"色阶"命令，打开"色阶"对话框，参照图 4-50 所示在该对话框中进行设置，单击"确定"按钮，调整选区中图像的颜色，取消选区，效果如图 4-51 所示。

图 4-49　载入选区　　　　　图 4-50　"色阶"对话框　　　　　图 4-51　调整图像颜色

 在设置黑场、灰场或白场的按钮上双击，会弹出对应的"拾色器"对话框，在对话框中可以选择不同颜色作为最亮或最暗的色调。

3. 色相/饱和度调整

　　（1）选择"图像"|"调整"|"色相/饱和度"命令，打开"色相/饱和度"对话框，如图 4-52 所示。

　　（2）参照图 4-53 所示在该对话框中进行设置，单击"确定"按钮，调整"背景"图层中图像整体的颜色，效果如图 4-54 所示。

 在"色相/饱和度"对话框的"编辑"下拉列表中选择单一颜色后，"色相/饱和度"对话框的其他功能会被激活，如图 4-55 所示。

图 4-52 "色相/饱和度"对话框

图 4-53 设置"色相/饱和度"对话框

图 4-54 调整图像颜色

图 4-55 激活其他功能

上面对话框中的一些选项含义如下：

- "吸管工具" ![]按钮：单击该按钮后，可以在图像中选择具体的编辑色调。
- "添加到取样" ![]按钮：单击该按钮后，可以在图像中为已选取的色调再增加调整范围。
- "从取样中减去" ![]按钮：单击该按钮后，可以在图像中为已选取的色调减少调整范围。

4. 曲线调整

使用"曲线"命令可以调整图像的色调和颜色。

（1）按下 Ctrl 键的同时单击"图层 4"图层缩览图，载入其选区，如图 4-56、图 4-57 所示。

图 4-56 单击"图层 4"缩览图

图 4-57 载入选区

（2）选择"图像"|"调整"|"曲线"命令，打开"曲线"调板，如图 4-58 所示。

（3）参照图 4-59 所示在该对话框中进行设置，单击"确定"按钮，为选区中的图像调整颜色，效果如图 4-60 所示。

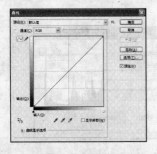　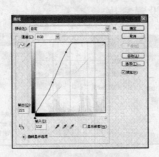　

　　图 4-58　"曲线"调板　　　　　　　图 4-59　设置参数　　　　　　图 4-60　调整图像颜色

5. 色彩平衡调整

（1）按住 Ctrl 键的同时单击"图层 5"图层缩览图，载入其选区，如图 4-61、图 4-62 所示。

　　图 4-61　单击"图层 5"缩览图　　　　　　图 4-62　载入选区

　　（2）选择"图像"|"调整"|"色彩平衡"命令，打开"色彩平衡"对话框，如图 4-63 所示。

　　（3）参照图 4-64 所示在"色彩平衡"对话框中设置"色阶"参数，取消"保持明度"复选框的勾选。

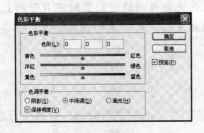　

　　图 4-63　"色彩平衡"对话框　　　　　　图 4-64　设置参数

　在"色彩平衡"对话框中，除了可以直接输入数值改变颜色外，还可以拖动参数栏下面的滑块来改变颜色。

（4）单击"阴影"单选钮，参照图 4-65 所示在对话框中设置参数，然后单击"高光"单选钮，参照图 4-66 所示继续设置参数。

图 4-65　在阴影色调下设置参数　　　　　图 4-66　在高光色调下设置参数

（5）单击"确定"按钮，调整选区内图像的颜色，然后按下 Ctrl+D 快捷键取消选区，效果如图 4-67 所示。

6. 黑白

（1）选择"图层 12"，然后选择"图像"|"调整"|"黑白"命令，打开"黑白"对话框，如图 4-68、图 4-69 所示。

  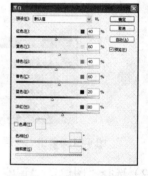

图 4-67　图像颜色调整效果　　　图 4-68　选择"图层 12"　　　图 4-69　"黑白"对话框

（2）参照图 4-70 所示在"黑白"对话框中设置参数，单击"确定"按钮，为选区中的人物图像调整颜色，取消选区后，得到图 4-71 所示效果。

 在"黑白"对话框中单击"自动"按钮，系统会自动通过计算对照片进行最佳状态的调整，对于初学者来讲，单击该按钮就可以完成效果的调整，这是十分方便的。

7. 可选颜色

（1）选择"图层 8"，然后选择"图像"|"调整"|"可选颜色"命令，打开"可选颜色"对话框，如图 4-72、图 4-73 所示。

（2）在"颜色"下拉列表中选择"青色"选项，如图 4-74 所示，然后参照图 4-75 所示在该对话框中设置参数。

（3）参照图 4-76、4-77 所示，继续在"可选颜色"对话框中对"蓝色"和"中性色"两个主色调进行参数的调整。

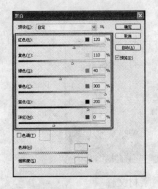
图 4-70　设置参数

图 4-71　调整人物图像颜色

图 4-72　选择"图层 8"

图 4-73　"可选颜色"对话框

图 4-74　选择主色调

图 4-75　调整各个颜色的百分比

（4）单击"确定"按钮，即可使对应图层中的图像颜色发生变化，效果如图 4-78 所示。

图 4-76　调"蓝色"主色调

图 4-77　调整"中性色"主色调

图 4-78　颜色调整效果

4.4　实例：国画效果（手动精细调整色彩）

在本节中，编者将继续向读者介绍 Photoshop CS5 中关于手动精细调整色彩的相关命令，包括"匹配颜色"、"替换颜色"、"去色"、"阴影/高光"、"变化"以及"通道混合器"。

下面将通过制作图 4-79 所示的国画效果，向读者详细讲解以上命令在实际操作中是如何实现图像颜色调整的。

1. 匹配颜色

（1）选择"文件"|"打开"命令，打开本书配套素材\Chapter-04\"国画.psd"素材文件，如图 4-80 所示。选择"图像"|"调整"|"匹配颜色"命令，打开"匹配颜色"对话框，如

图 4-81 所示。

图 4-79　完成效果

图 4-80　素材文件

（2）参照图 4-82 所示在该对话框中进行设置，然后单击"确定"按钮，调整云彩图像与扇子图像使其颜色相匹配，效果如图 4-83 所示。

图 4-81　"匹配颜色"对话框

图 4-82　设置参数

2. 替换颜色

（1）在"图层"调板中选择"梅花"图层，然后选择"图像"|"调整"|"替换颜色"命令，打开"替换颜色"对话框，如图 4-84、图 4-85 所示。

图 4-83　匹配颜色

图 4-84　"图层"调板

图 4-85　"替换颜色"对话框

（2）将鼠标移动到视图中，当光标变为吸管形状后，在梅花图像上单击，如图 4-86 所示。

（3）参照图 4-87 所示在"替换颜色"对话框中设置颜色容差和替换参数。

（4）单击"确定"按钮，将梅花图像替换为红色，效果如图 4-88 所示。

图 4-86　取样颜色

图 4-87　设置参数

图 4-88　替换颜色

3. 去色

在"图层"调板中选择"牡丹"图层，然后选择"图像"|"调整"|"去色"命令，去除图像颜色，如图 4-89、图 4-90 所示。

4. 阴影/高光

（1）在"图层"调板中选中"香炉"图层，然后选择"图像"|"调整"|"阴影/高光"命令，打开"阴影/高光"对话框，如图 4-91、图 4-92 所示。

图 4-89　选择"牡丹"图层

图 4-90　去除图像颜色

图 4-91　选择"香炉"图层

（2）在"阴影/高光"对话框中勾选"显示更多选项"复选框，将对话框显示为更多选项的界面，如图 4-93 所示，然后参照图 4-94 所示在该对话框中设置参数。

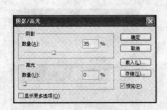
图 4-92　"阴影/高光"对话框

图 4-93　展开"阴影/高光"对话框

图 4-94　设置参数

与"亮度/对比度"调整不同,"阴影/高光"可以分别对图像的阴影和高光区域进行调节,在加亮阴影区域时不会损失高光区域的细节,在调暗高光区域时也不会损失阴影区域的细节。

(3) 单击"确定"按钮,为香炉图像调整颜色,效果如图 4-95 所示。

5. 变化

(1) 在"图层"调板中选择"文房四宝"图层,然后选择"图像"|"调整"|"变化"命令,打开"变化"对话框,如图 4-96、图 4-97 所示。

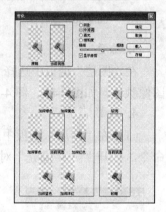

图 4-95　调整香炉的颜色　　　图 4-96　选择"文房四空"图层调板　　　图 4-97　"变化"对话框

(2) 在该对话框中单击"加深黄色"缩览图四次,单击"加深红色"缩览图两次,单击"加深蓝色"缩览图三次,单击"较暗"缩览图三次,以调整图像颜色,如图 4-98 所示。

 在"变化"对话框中调整图像颜色时,无论先调整哪一个颜色区域,只要操作相同,最终得到的效果都一样,不分先后顺序。

(3) 单击"确定"按钮,即可观察到视图中文房四宝图像的颜色变化,效果如图 4-99 所示。

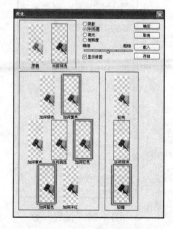

图 4-98　单击以调整图像颜色　　　图 4-99　颜色调整效果　　　图 4-100　选择"图层 1"

6. 通道混合器

（1）在"图层"调板中选择"图层 1"，然后选择"图像"|"调整"|"通道混合器"命令，打开"通道混合器"对话框，如图 4-100、图 4-101 所示。

（2）参照图 4-102 所示在"通道混合器"对话框中调整"绿色"的百分比。

（3）参照图 4-103、图 4-104 所示继续在该对话框中设置参数，以在不同的通道中调整图像颜色。

（4）单击"确定"按钮，调整"图层 1"中蝴蝶图像的颜色，效果如图 4-105 所示。

图 4-101　"通道混合器"对话框

图 4-102　设置"红"通道颜色

图 4-103　设置"绿"通道颜色

图 4-104　设置"蓝"通道颜色

图 4-105　调整图像颜色

4.5　实例：古物店广告（特殊效果调整）

在 Photoshop CS5 的"图像"菜单中，包括了许多用于调整图像的命令，除了可以用于对图像进行精细颜色调整外，还可以制作出出人意料的特殊效果。这些命令包括"照片滤镜"、"曝光度"、"去色"、"色调分离"、"渐变映射"、"色调均化"、"阈值"以及"反相"。

下面将以本节制作的店名为"古物吉"的古物店广告向大家详细讲解在实际操作中是如何运用以上命令来创建特殊效果的，完成效果如图 4-106 所示。

1. 照片滤镜

（1）选择"文件"|"打开"命令，打开本书配套素材\Chapter-04\"古物.psd"素材文件，然后选择"背景"图层，如图 4-107、图 4-108 所示。

（2）选择"图像"|"调整"|"照片滤镜"命令，打开"照片滤镜"对话框，如图 4-109 所示。

图 4-106　完成效果

图 4-107　素材图像

图 4-108　"背景"图层

（3）参照图 4-110 所示在"照片滤镜"对话框中选择滤镜类型，选择后，"颜色"会自动变为天蓝色，然后参照图 4-111 所示进一步设置参数。

图 4-109　"照片滤镜"对话框

图 4-110　选择滤镜类型

图 4-111　设置"浓度"参数

选择"颜色"单选钮后，单击"颜色"图标，可以弹出"选择滤镜颜色"对话框，用户可以自己定义滤镜的颜色；勾选"保留明度"复选框，图像的明度不会因为其他选项的设置而改变。

（4）单击"确定"按钮，调整背景图像的颜色，效果如图 4-112 所示。

2. 曝光度

（1）选择"文件"|"打开"命令，打开本书配套素材\Chapter-04\"花纹理.psd"素材文件，如图 4-113 所示。

图 4-112　调整背景图像颜色

图 4-113　素材文件

（2）选择"图像"|"调整"|"曝光度"命令，打开"曝光度"对话框，如图 4-114 所示。

（3）参照图 4-115 所示在该对话框中设置参数，然后单击"确定"按钮，调整素材图像的颜色，效果如图 4-116 所示。

图 4-114　"曝光度"对话框　　　　　　　　　图 4-115　设置参数

3. 去色

（1）选择"图像"|"调整"|"去色"命令，对花纹理素材图像进行去色处理，效果如图 4-117 所示。

（2）使用"移动" ▶ 工具将素材图像拖动到当前正在编辑的文件中，对图像进行复制，然后参照图 4-118 所示调整图像的位置。

图 4-116　素材图像颜色调整效果　　　　图 4-117　去色效果　　　　图 4-118　添加素材图像并调整位置

4. 色调分离

（1）在"图层"调板中选择"荷花"图层，然后选择"图像"|"调整"|"色调分离"命令，打开"色调分离"对话框，如图 4-119、图 4-120 所示。

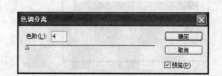

图 4-119　选择"荷花"图层　　　　　　　图 4-120　"色调分离"对话框

（2）参照图 4-121 所示在该对话框中设置参数，然后单击"确定"按钮，调整荷花图像的颜色，效果如图 4-122 所示。

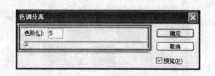

图 4-121　设置参数　　　　　　　　　　图 4-122　调整图像颜色

 "色调分离"对话框中的"色阶"是用来指定图像转换后的色阶数量的，数值越小，图像变化越剧烈。

5. 渐变映射

（1）在"图层"调板中选择"木纹"图层，然后选择"图像"|"调整"|"渐变映射"命令，打开"渐变映射"对话框，如图 4-123、图 4-124 所示。

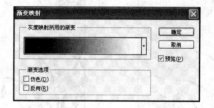

图 4-123　选择"木纹"图层　　　　　图 4-124　"渐变映射"对话框

（2）在"渐变映射"对话框中单击渐变色条，会弹出"渐变编辑器"对话框，参照图 4-125 所示在其中进行设置，单击"确定"按钮，返回"渐变映射"对话框，如图 4-126 所示。

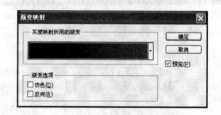

图 4-125　"渐变编辑器"对话框　　　　图 4-126　返回"渐变映射"对话框

（3）单击"确定"按钮，为木纹图像添加渐变颜色，效果如图 4-127 所示。

（4）选择"编辑"|"渐隐渐变映射"命令，打开"渐隐"对话框，参照图 4-128 所示在

该对话框中设置参数，单击"确定"按钮，渐隐已经调整好的渐变颜色，效果如图 4-129 所示。

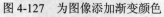

图 4-127　为图像添加渐变颜色　　　　图 4-128　"渐隐"对话框　　　　图 4-129　渐隐渐变映射

6. 色调均化

在"图层"调板中选择"装饰花 1"图层，然后选择"图像"|"调整"|"色调均化"命令，调整图像的颜色，如图 4-130、图 4-131 所示。

7. 阈值

（1）在"图层"调板中选择"装饰花"图层，然后选择"图像"|"调整"|"阈值"命令，打开"阈值"对话框，如图 4-132、图 4-133 所示。

图 4-130　选择"装饰花 1"图层　　　图 4-131　调整图像颜色　　　图 4-132　选择"装饰花"图层

（2）参照图 4-134 所示在"阈值"对话框中设置"阈值色阶"参数，然后单击"确定"按钮，使装饰花图像转换为黑白色图像，效果如图 4-135 所示。

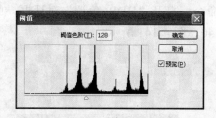

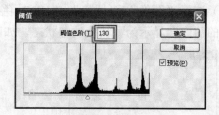

图 4-133　"阈值"对话框　　　　　　　图 4-134　设置参数

"阈值色阶"用来设置黑色与白色的分界数值，数值越大，黑色越多；数值越小，白色越多。

8. 反相

在"图层"调板中选择"装饰花 2"图层，然后选择"图像"|"调整"|"反相"命令，使图像产生反相效果，如图 4-136、图 4-137 所示。

图 4-135　调整图像颜色　　　　图 4-136　选择"装饰花 2"图层　　　　图 4-137　调整图像反相

4.6　实例：快速获得曝光正确的图像（HDR 色调）

Photoshop CS5 中的 HDR 色调可用来调整太亮或太暗的画面，也可用来营造、仿佛置身另一世界的景观。

下面将以本节制作的实例，向大家介绍如何使用"HDR 色调"命令调整图像的曝光度，完成效果如图 4-138 所示。

（1）选择"文件"|"打开"命令，打开本书配套素材\Chapter-04\"建筑.jpg"素材文件，如图 4-139 所示。

图 4-138　完成效果　　　　　　　　　　图 4-139　素材图像

（2）选择"图像"|"调整"|"HDR 色调"命令，打开"HDR 色调"对话框，此时，视图中的图像会显示为默认值调整状态，如图 4-140、图 4-141 所示。

图 4-140　"HDR 色调"对话框　　　　　　图 4-141　默认调整效果

（3）参照图 4-142 所示对各项参数做出细致的调整，使图像效果更加自然和完整，最终效果如图 4-143 所示。

图 4-142　设置参数

图 4-143　图像调整效果

课后练习

1. 将任意一幅暖色调图像转换为冷色调图像，效果如图 4-144 所示。

要求：

（1）具备一幅暖色调图像。

（2）利用"照片滤镜"命令对图像色调进行调整。

2. 改变图像中的局部色相，效果如图 4-145 所示。

图 4-144　调整图像色调

图 4-145　调整局部图像颜色

要求：

（1）具备一幅色彩分明的图像。

（2）利用"可选颜色"命令调整其中一种颜色的色相。

第 5 课
绘制与编辑图像

本课知识结构

本课将介绍如何在 Photoshop CS5 中绘制与编辑图像。用户通过软件提供的一系列用于绘图、编辑和修饰图像的工具，可以在文件中创建图像，并可以在原有图像的基础上进行加工和再创作。

绘制与编辑图像是 Photoshop 中比较重要的功能之一，对于相关工具的学习也就显得特别关键。在本课的学习过程中，读者需要准确地对相关工具的使用方法和技巧进行掌握，才可以创建出优秀的作品。希望读者通过本课的学习，可以对绘图与编辑图像有一个更为细致的了解，以便在日后的设计过程中学有所用。

就业达标要求

☆ 掌握如何使用画笔工具   ☆ 掌握如何使用污点修复画笔工具

☆ 掌握如何自定义画笔、图案和形状   ☆ 掌握如何使用图像修饰工具

☆ 掌握如何使用渐变工具和油漆桶工具   ☆ 掌握如何使用颜色调整工具

☆ 掌握橡皮擦工具组的使用方法   ☆ 掌握如何运用操控变形功能

☆ 掌握图章工具组的使用方法

建议课时

3.5 小时

5.1　实例：国画（使用画笔工具）

"画笔"工具 ✏ 可以将预设的笔尖图案直接绘制到当前的图像中，也可以绘制到新建的图层中。"画笔"工具 ✏ 常用于绘制预设的画笔笔尖图案或绘制不太精确的线条，其使用方法与现实中的画笔相似。

下面将以本节制作的国画为例，向大家详细讲解"画笔"工具 ✏ 的具体使用方法，完成效果如图 5-1 所示。

　　1. 使用画笔工具

　　（1）选择"文件"|"打开"命令，打开本书配套素材\Chapter-05\"国画背景.jpg"文件，如图 5-2 所示。

　　（2）选择"画笔"工具 ，单击选项栏中的 按钮，在打开的画笔预设下拉列表框中，选择需要的预设画笔，如图 5-3 所示。

图 5-1　完成效果

图 5-2　素材图像

　　（3）新建"图层 1"，使用"画笔"工具 在视图中绘制装饰图像，效果如图 5-4 所示。

　　（4）参照图 5-5 所示，为"图层 1"设置"不透明度"参数为 50%，并设置图层透明度，如图 5-6 所示。

图 5-3　"画笔"调板

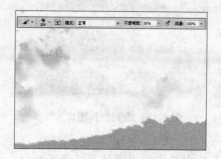

图 5-4　绘制图像

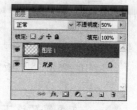

图 5-5　"图层"调板

　　（5）参照图 5-7 所示，拖动"图层 1"到"图层"调板底部的"创建新图层" 按钮处，释放鼠标后，复制"图层 1"为"图层 1 副本"图层。

图 5-6　添加透明效果

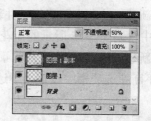

图 5-7　复制图层

　　（6）选择"图像"|"调整"|"色相/饱和度"命令，打开"色相/饱和度"对话框，参照

图 5-8 所示设置对话框参数，单击"确定"按钮完成设置，调整图像颜色，得到图 5-9 所示效果。

图 5-8 "色相/饱和度"对话框

图 5-9 调整图像颜色

（7）参照图 5-10、图 5-11 所示，使用"画笔"工具继续在视图中绘制装饰图像，得到渐隐的山脉效果。

（8）选择"画笔"工具，单击选项栏中的 按钮，打开画笔预设下拉列表框，选择需要的预设画笔，如图 5-12 所示。

图 5-10 "图层"调板

图 5-11 绘制装饰图像

图 5-12 设置画笔

在画笔预设下拉列表框中单击右上角的黑三角 按钮，会弹出图 5-13 所示的菜单，如果想使用原来的预设画笔组效果，只要在弹出的菜单中选择"复位画笔"命令即可。

（9）选中除"背景"以外的所有图层，按快捷键 Ctrl+G，将其编组，更改组名称为"山脉"。然后新建"荷花"图层组，并新建"图层 5"，如图 5-14 所示，然后使用"画笔"工具在视图中绘制图 5-15 所示的荷花图像。

（10）新建"图层 6"，设置前景色为黑色，使用"画笔"工具继续在视图中绘制装饰图像，并不断在选项栏中设置"不透明度"参数，得到图 5-16 所示效果。

使用"画笔"工具绘制线条时，按住 Shift 键可以以水平或垂直的方法绘制直线。

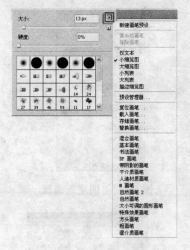

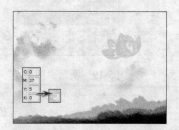

图 5-13　弹出式菜单　　　　　图 5-14　新建"图层 5"　　　　图 5-15　绘制荷花图像

2. "画笔"调板

（1）选择"画笔"工具 ，选择"窗口"|"画笔"命令，打开"画笔"调板，参照图 5-17 所示设置画笔的笔尖形状。

（2）在"画笔"调板中单击"形状动态"选项，切换到对应的设置区域，然后参照图 5-18 所示在其中设置参数。

图 5-16　绘制图像　　　　　　图 5-17　"画笔"调板　　　　　图 5-18　设置画笔样式

（3）参照图 5-19 所示，新建"图层 7"，使用"画笔"工具 在视图中为荷花绘制花茎图像，效果如图 5-20 所示。

（4）用以上步骤中的方法，使用"画笔"工具 在视图中绘制荷叶图像，如图 5-21、图 5-22 所示。

（5）参照图 5-23 所示效果，继续绘制荷花图像，并配合键盘上 Alt 键复制绘制的荷叶图像，调整图像大小与位置。

（6）在"荷花"图层组上方新建"文字信息"图层组。使用"直排文字"工具 在视图中输入文本"荷花"，如图 5-24、图 5-25 所示。

（7）参照图 5-26 所示，继续添加相关文字信息和装饰图像。

图 5-19　新建"图层 7"

图 5-20　绘制图像

图 5-21　"图层"调板

图 5-22　绘制荷叶图像

图 5-23　复制图像

图 5-24　"图层"调板

图 5-25　添加文字

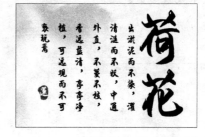

图 5-26　继续添加相关文字信息

3. 设置画笔其他属性

在"画笔"调板中，还有一些选项是用来设置画笔属性的，如"散布"、"纹理"、"双重画笔"、"颜色动态"等，下面将对这些选项进行具体介绍。

- 散布：散布动态用于控制画笔偏离绘画路线的程度和数量，单击调板左侧的"散布"选项，在右侧的设置区域中进行设置即可，如图 5-27 所示。

  上层"散布"选项：控制画笔偏离绘画路线的程度。百分比值越大，则偏离程度就越大。选中"两轴"复选框，则画笔将在 X、Y 两轴上发生分散，反之只在 X 轴上发生分散。

  数量：控制绘制轨迹上画笔点的数量，数值越大，画笔点越多，如图 5-28 所示。

  数量抖动：用来控制每个空间间隔中画笔点的数量变化，百分比值越大，得到的画笔的数量波动幅度越大，如图 5-29 所示。

- 纹理：如果需要在画笔上添加纹理效果，单击调板左侧的"纹理"选项，在右侧的设置区域中就可以进行设置，如图 5-30 所示。

图 5-27　设置散布

图 5-28　设置数量

图 5-29　设置数量抖动

反相：勾选该复选框，可以反转纹理效果。

缩放：拖动滑块或在参数栏中输入数值，可以设置纹理的缩放比例。

为每个笔尖设置纹理：勾选该复选框，用来确定是否对每个画笔点都分别进行渲染，如果不选择此项，那么"深度"、"最小深度"和"深度抖动"参数就会无效。

模式：用于选择画笔和图案之间的混合模式。

深度：用来设置图案的混合程度，数值越大，图案越明显。

最小深度：确定纹理显示的最小混合程度。

深度抖动：用来控制纹理显示浓淡的抖动程度，百分比值越大，波动幅度越大。

- 双重画笔：双重画笔指的是使用两种笔尖形状创建的画笔，单击调板左侧的"双重画笔"选项，首先在调板右侧的"模式"下拉列表中选择两种笔尖的混合模式，然后在笔尖形状列表框中选择一种笔尖作为画笔的第二个笔尖形状，再来设置叠加画笔的"直径"、"间距"、"散布"和"数量"等参数，如图 5-31 所示。
- 颜色动态："颜色动态"控制在绘画过程中画笔颜色的变化情况，单击调板左侧的"颜色动态"选项，在右侧可以设置"前景/背景抖动"、"色相抖动"、"饱和度抖动"等参数，如图 5-32 所示。

图 5-30　设置纹理

图 5-31　设置双重画笔

图 5-32　设置颜色动态

设置动态颜色属性时，画笔调板下方的预览区域并不会显示出相应的效果，动态颜色效果只有在图像窗口中绘画时才会看到，如图 5-33 所示。

前景/背景抖动：设置画笔颜色在前景色和背景色之间的变化。

色相抖动：指定画笔绘制过程中画笔颜色色相的动态变化范围，百分比值越大，画笔的色调发生随机变化时就越接近背景色，反之就越接近前景色。

饱和度抖动：指定画笔绘制过程中画笔颜色饱和度的动态变化范围，百分比值越大，画笔的饱和度发生随机变化时就越接近背景色的饱和度，反之就越接近前景色的饱和度。

亮度抖动：指定画笔绘制过程中画笔亮度的动态变化范围，百分比值越大，画笔的亮度发生随机变化时就越接近背景色亮度，反之就越接近前景色亮度。

纯度：设置绘画颜色的纯度。

- 传递：单击调板左侧的"传递"选项，在右侧的设置区域中可以设置画笔的"不透明度抖动"和"流量抖动"参数，如图 5-34 所示。"不透明度抖动"指定画笔绘制过程中油墨不透明度的变化，"流量抖动"指定画笔绘制过程中油墨流量的变化。

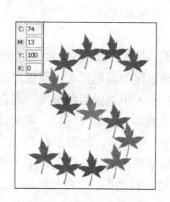

图 5-33　相应的绘画效果

图 5-34　设置"传递"选项

- 杂色：为画笔笔尖添加随机性的杂色效果。
- 湿边：使画笔边界呈现湿边效果，类似于水彩绘画。
- 喷枪：使画笔具有喷枪效果。
- 平滑：可以使绘制的线条更平滑。
- 保护纹理：选择此选项后，当使用多个画笔时，可模拟一致的画布纹理效果。

5.2　实例：墨宝（自定画笔、图案和形状）

在 Photoshop CS5 中，用户经常需要使用一些具有特殊效果的画笔、图案和形状，这就使得除了运用软件自带的预设资源外，还需要通过自定义操作来帮助完善作品的设计创作。

下面将以本节制作的墨宝为例，向大家具体介绍在实际操作中是如何自定义画笔、图案和形状的, 完成效果如图 5-35 所示。

1. 定义图案

(1) 选择"文件"|"新建"命令, 打开"新建"对话框, 参照图 5-36 所示设置页面大小, 单击"确定"按钮完成设置, 创建一个新文档。然后为背景填充浅黄色(C: 2、M: 5、Y: 28、K: 0)。

(2) 选择"文件"|"打开"命令, 打开配套素材\Chapter-05\"宣纸纹理.jpg"文件, 如图 5-37 所示。

图 5-35　完成效果

图 5-36　"新建"对话框

(3) 选择"编辑"|"定义图案"命令, 打开"图案名称"对话框, 参照图 5-38 所示在"名称"文本框输入图案名称, 单击"确定"按钮完成设置, 将其定义为图案。

图 5-37　素材图像

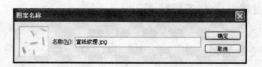

图 5-38　"图案名称"对话框

(4) 切换到"墨宝.psd"文档中, 新建"图层 1", 为该图层填充白色。单击"图层"调板底部的"添加图层样式" *fx.* 按钮, 在弹出的快捷菜单中选择"图案叠加"命令, 打开"图层样式"对话框, 参照图 5-39 所示设置参数, 为图像添加图案叠加效果。

(5) 同样在"图层样式"对话框中, 参照图 5-40 所示设置参数, 为图像添加描边效果, 单击"确定"按钮完成设置。

(6) 参照图 5-41、图 5-42 所示, 为"图层 1"设置"不透明度"参数为 50%, 为其添加透明效果。

用户除了可以使用现有素材的整体图像来定义图案外, 还可以将图像的局部定义为图案, 具体操作时, 只需在图像中创建选区, 然后进行定义即可, 如图 5-43、

图 5-44 所示。

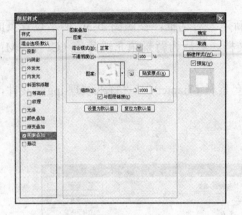

图 5-39　设置图案叠加效果　　　　　　　　图 5-40　设置描边效果

图 5-41　"图层"调板　　　　　图 5-42　添加透明效果　　　　　图 5-43　创建选区

 自定义图案所创建的选区的羽化值必须为 0，而且形状必须是矩形，否则"定义图案"命令不能使用。

2. 定义画笔预设

（1）打开配套素材\Chapter-05\"墨.jpg"文件，如图 5-45 所示。

（2）选择"编辑"|"定义画笔预设"命令，打开"画笔名称"对话框，参照图 5-46 所示设置画笔名称，单击"确定"按钮完成设置，将其自定义为画笔。

图 5-44　"图案名称"对话框　　　　　　　图 5-45　素材图像

（3）切换到"墨宝.psd"文档中，新建"图层 2"，设置前景色为黑色，然后使用"画笔"工具 在视图中绘制如图 5-47 所示图像。

（4）参照图 5-48 所示，在"图层"调板中设置"不透明度"参数为 50%，得到图 5-49 所示效果。

（5）参照图 5-50 所示效果，复制"图层 2"为"图层 2 副本"，调整图像大小与位置，并设置其"不透明度"参数为 100%。

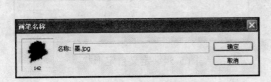

图 5-46　定义画笔预设　　　　　　　　　　图 5-47　绘制图像

图 5-48　"图层"调板　　　　图 5-49　设置透明效果　　　　图 5-50　继续设制图像

 与定义图案相同，如果只想将图像中的某个部位定义为画笔，只要在该部分周围创建选区即可，但选区的形状随意，不受限制，如图 5-51、图 5-52 所示。

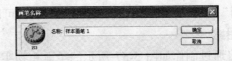

图 5-51　创建选区　　　　　　　　图 5-52　"画笔名称"对话框

 彩色图像定义为画笔后，会以灰度模式存储，为了更好地浏览画笔效果，用户可以先将图像转换为灰度图像，然后再定义为画笔。

3. 定义自定形状

（1）打开配套素材\Chapter-05\"路径边框.jpg"文件，如图 5-53 所示。

（2）选择"编辑"|"定义自定形状"命令，打开"形状名称"对话框，参照图 5-54 所示设置形状名称，单击"确定"按钮完成设置，将其定义为形状图形。

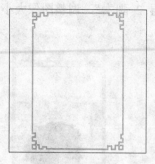

图 5-53　素材图像

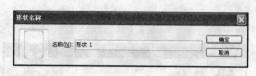

图 5-54　定义自定形状

（3）接下来使用"自定形状"工具 在视图中绘制自定形状图形，得到图 5-55 所示边框效果。

（4）参照图 5-56 所示，继续为视图添加相关文字信息和装饰图像。

图 5-55　绘制形状图形

图 5-56　添加文字和装饰图像

5.3　实例：圣诞礼物（渐变工具和油漆桶工具）

在 Photoshop CS5 中用于填充的工具主要集中在渐变工具组中，其中包括"渐变"工具 和"油漆桶"工具 ，使用渐变工具组中的工具可以在当前选取的图层或选区中填充渐变色、前景色和图案。

下面将通过制作如图 5-57 所示的圣诞礼物实例，向大家介绍"渐变"工具 和"油漆桶"工具 在实际操作中是如何使用的。

1. 渐变工具

（1）打开配套素材\Chapter-05\"雪花.jpg"文件，如图 5-58 所示。

（2）使用"多边形套索"工具 在视图中绘制选区，如图 5-59 所示。

（3）选择"渐变"工具 ，单击选项栏中的渐变色，打开"渐变编辑器"对话框，如图 5-60 所示。

（4）双击"渐变编辑器"对话框中左侧的色标，打开"选择色标颜色"对话框，参照图

5-61 所示设置颜色，单击"确定"按钮，关闭对话框。

图 5-57　完成效果

图 5-58　素材图像

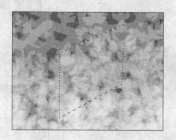

图 5-59　绘制选区

（5）参照图 5-62 所示，继续设置颜色，单击"确定"按钮，完成渐变色的设置。

图 5-60　"渐变编辑器"对话框

图 5-61　设置色标颜色

图 5-62　设置渐变色

（6）单击选项栏中"线性渐变" 按钮，并新建图层，然后使用"渐变"工具 在视图单击并拖动，释放鼠标后，为选区填充渐变色，如图 5-63 所示。

（7）参照图 5-64、图 5-65 所示，使用以上相同的方法，绘制立体效果。

（8）使用"多边形套索"工具 继续在视图中绘制选区，如图 5-66 所示。

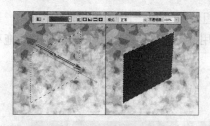

图 5-63　为选区填充渐变色

图 5-64　"图层"调板

图 5-65　绘制立体效果

（9）选择"渐变"工具 ，单击选项栏中的渐变色，打开"渐变编辑器"对话框，参照图 5-67 所示设置渐变色，完成设置后，单击"确定"按钮，关闭对话框。

（10）参照图 5-68 所示，使用"渐变"工具 在新建的图层中为选区填充渐变色。

（11）新建"图层 5"，继续绘制盒盖图像，并使用"渐变"工具 为选区填充渐变色，得到图 5-69 所示效果。

（12）选择"椭圆选框"工具 ，配合键盘上 Shift 键绘制正圆选区，如图 5-70 所示。

图 5-66　绘制选区　　　　　图 5-67　设置渐变色　　　　　　图 5-68　为选区填充渐变色

（13）选择"渐变"工具 ，单击选项栏中的渐变色，打开"渐变编辑器"对话框，参照图 5-71 所示设置渐变色。

（14）参照图 5-72 所示，在渐变条下方单击，即可添加色标，进而增加渐变颜色中的个数，完成设置后，单击"确定"按钮，关闭对话框。

图 5-69　为图像设置渐变色　　　图 5-70　绘制正圆　　　　图 5-71　设置渐变色

（15）在"礼物"图层组上方新建"气球"图层组，并新建"图层 8"。

（16）单击选项栏中"径向渐变" 按钮，并使用"渐变"工具 在视图单击并拖动，释放鼠标后，为选区填充渐变色，如图 5-73 所示。

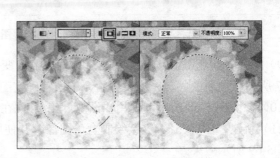

图 5-72　添加色标　　　　　图 5-73　为选区填充渐变色

（17）参照图 5-74 所示，继续绘制细节图像，并分别为其填充颜色。

（18）单击"图层"调板底部的"添加图层样式" **fx.** 按钮，在弹出的快捷菜单中选择"斜面和浮雕"命令，打开"图层样式"对话框，参照图 5-75 所示设置对话框参数，单击"确定"按钮完成设置，为图像添加斜面和浮雕效果。

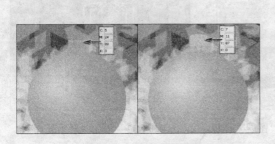
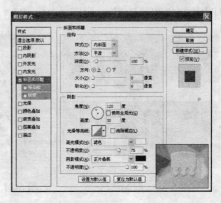

图 5-74　绘制细节图像　　　　图 5-75　设置斜面和浮雕效果

2. 油漆桶工具

（1）使用"多边形套索"工具 在视图中绘制选区，如图 5-76 所示。

（2）在"图层 4"下方新建"图层 6"，设置前景色为深红色（C：56、M：99、Y：100、K：49），使用"油漆桶"工具 在选区内单击，为其填充前景色，如图 5-77 所示。

图 5-76　绘制选区　　　　　　图 5-77　为选区填充颜色

（3）参照图 5-78 所示，为礼品盒绘制装饰图像。

（4）使用以上步骤相同的方法，继续绘制其他礼品盒图像，如图 5-79 所示。

图 5-78　绘制装饰图像　　　　图 5-79　继续绘制其他礼品盒图像

（5）参照图 5-80 所示，使用"多边形套索"工具 和"椭圆选框"工具 在视图中绘制选区。

（6）选择"背景"图层，单击"创建新图层" 按钮，新建图层，然后为选区填充深蓝色（C：100、M：96、Y：56、K：0）。

（7）单击"添加图层蒙版" 按钮，为该图层添加图层蒙版。然后使用"画笔"工具 将视图中部分图像隐藏，如图 5-81、图 5-82 所示。

图 5-80　绘制选区　　　　图 5-81　"图层"调板　　　　图 5-82　添加图层蒙版

5.4　实例：广告（橡皮擦工具组）

Photoshop CS5 中，用于擦除的工具被集中在橡皮擦工具组中，使用该工具组中的工具可以将打开的图像整体或局部擦除，也可以单独对选取的某个区域进行擦除。橡皮擦工具组包括"橡皮擦"工具 、"背景橡皮擦"工具 和"魔术橡皮擦"工具 。

下面将通过本节制作的广告实例，向大家介绍"背景橡皮擦"工具 和"魔术橡皮擦"工具 的具体使用方法，完成效果如图 5-83 所示。

1. 魔术橡皮擦工具

（1）选择"文件"|"新建"命令，打开"新建"对话框，参照图 5-84 所示在该对话框中进行设置，单击"确定"按钮完成设置，创建一个新文档，然后为背景填充橙色（C：0、M：61、Y：92、K：0）。

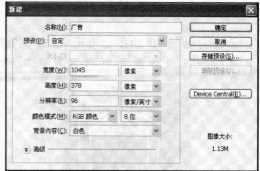

图 5-83　完成效果　　　　　　　　　图 5-84　"新建"对话框

（2）选择"矩形"工具 ，设置前景色为红褐色（C：60、M：100、Y：100、K：56），然后参照图 5-85 所示在视图中绘制矩形。

（3）打开配套素材\Chapter-05\"建筑一角.jpg"文件，如图 5-86 所示。

（4）选择"魔术橡皮擦"工具 ，参照图 5-87 所示在选项栏中进行设置，然后在视图中单击，将大部分天空图像擦除。

（5）使用"魔术橡皮擦"工具 继续在天空图像中单击，去除建筑物周边的天空图像，如图 5-88 所示。

图 5-85　绘制矩形

图 5-86　素材图像　　　　　　　　　图 5-87　擦除部分天空图像

2. 橡皮擦工具

（1）选择"橡皮擦"工具 ，参照图 5-89 所示在选项栏中进行设置，然后在视图中将天空图像剩余的细节部分完整擦除。

图 5-88　继续擦除天空图像　　　　　　图 5-89　完整地擦除天空图像

（2）使用"移动"工具 拖动图像到当前正在编辑的文件中，并参照图 5-90 所示调整图像的大小和位置。

图 5-90　添加素材图像

（3）选择"横排文字"工具 **T.**，参照图 5-91 和图 5-92 所示在视图中创建文字，并设置文字属性。

图 5-91　创建文字　　　　　　　　　　　图 5-92　"图层"调板 1

（4）选择"椭圆"工具 ，在视图中绘制图形作为装饰，并调整图形的位置，如图 5-93 和图 5-94 所示。

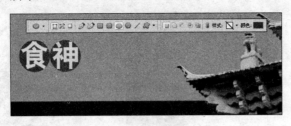 

图 5-93　绘制图形　　　　　　　　　　　图 5-94　"图层"调板 2

（5）使用"横排文字"工具 **T.**继续在视图中创建宣传语、联系方式等文字信息，完成广告的制作，如图 5-95 和图 5-96 所示。

图 5-95　继续创建文字　　　　　　　　　图 5-96　"图层"调板 3

5.5　实例：金玉满堂（图章工具）

图章工具是常用的修饰工具，主要用于对图像的内容进行复制。用户可以选择图像的不同部分，将它们复制到同一个文件或另一个文件中，以修补局部图像的不足。图章工具包括"仿制图章"工具 和"图案图章"工具 两种。

下面将通过本节制作的实例图像，讲解"仿制图章"工具 和"图案图章"工具 具体是如何使用的，完成效果如图 5-97 所示。

1. 仿制图章工具

（1）打开配套素材\Chapter-05\"红色古老的背景.psd"文件，如图 5-98 所示。

（2）选择"仿制图章"工具 ，按住键盘上 Alt 键在图像中要仿制的区域单击进行取样，如图 5-99 所示。

（3）然后使用"仿制图章"工具 ，在视图中绘制，即可复制图像，效果如图 5-100 所示。

提示　勾选"对齐"复选框进行复制时，无论执行多少次操作，每次复制时都会以上次取样点的最终移动位置为起点开始复制，以保持图像的连续性；否则在每次复制图像时，都会以第一次按 Alt 键取样时的位置为起点进行复制，这样可能会造成图像的多重叠加效果。

图 5-97　完成效果

图 5-98　素材图像

图 5-99　为仿制图章取样

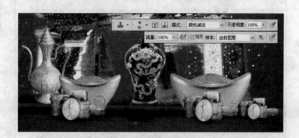

图 5-100　复制图像

（4）使用以上相同的方法，选中"图层 2 副本"图层，使用"仿制图章"工具 ，复制图像，如图 5-101、图 5-102 所示。

（5）打开配套素材\Chapter-05\"金币.psd"文件，如图 5-103 所示。

图 5-101　"图层"调板

图 5-102　复制图像

图 5-103　素材图像

（6）选择"窗口"|"仿制源"命令，打开"仿制源"调板，如图 5-104 所示，设置调板参数。

（7）选择"仿制图章"工具 ，按住键盘上 Alt 键在图像中单击进行取样，如图 5-105 所示。

图 5-104 "仿制源"调板　　　　　　　　图 5-105 为仿制图章取样

（8）在"图层 2"上方新建"图层 3"，使用"仿制图章"工具 在视图中绘制图像，得到图 5-106 所示效果。

2. 图案图章工具

（1）选择"图案图章"工具 ，单击选项栏中图案缩略图右侧的 按钮，打开"图案"拾色器，如图 5-107 所示。

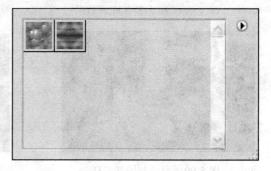

图 5-106 复制图像　　　　　　　　　　图 5-107 "图案"拾色器

（2）单击"图案"拾色器中右上角的 按钮，在弹出的快捷菜单中选择"填充纹理 2"命令，如图 5-108 所示，这时会弹出一个如图 5-109 所示的提示框，，单击"追加"按钮，进行图案添加并关闭该提示框。

（3）参照图 5-110 所示，选择"稀疏基本杂色（200×200 像素，灰色模式）"图案。

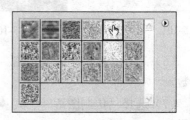

图 5-108 快捷菜单　　　　图 5-109 提示框　　　　图 5-110 选择图案

（4）在"图层 1"下方新建"图层 4"，选择"图案图章"工具 ，并在选项栏中设置参数，然后在视图中绘制图案图像，如图 5-111 所示。

（5）参照图 5-112 所示，为"图层 4"设置混合模式为"颜色加深"选项，得到图 5-113 所示效果。

图 5-111　绘制图案图像

图 5-112　"图层"调板

图 5-113　设置混合模式

5.6　实例：去除多余的人物（污点修复画笔工具）

污点修复画笔工具 在 Photoshop CS5 中是非常有实用性的一个工具，利用该工具，可以十分轻松地将图像中的瑕疵修复，一般常用于快速修复图片或照片。下面将通过制作图 5-114 所示的海边效果，向大家介绍污点修复画笔工具 的使用方法。

1. 污点修复画笔工具

（1）打开配套素材\Chapter-05\"海边.jpg"文件，如图 5-115 所示。

图 5-114　完成效果

图 5-115　素材图像

（2）选择"标尺"工具 ，参照图 5-116 所示在海平线位置定位起始测量点，并向视图右侧绘制测量线，如图 5-117 所示。

（3）选择"图像"|"图像旋转"|"任意角度"命令，打开"旋转画布"对话框，单击"确定"按钮，完成画布旋转，如图 5-118 和图 5-119 所示。

（4）选择"裁剪"工具 ，参照图 5-120 所示对图像绘制出裁剪区域，然后按下键盘上的 Enter 键，进行裁剪，如图 5-121 所示。

（5）选择"污点修复画笔"工具 ，在默认参数下，在海面中进行绘制，去除海中的人物图像，效果如图 5-122 所示。

（6）使用"污点修复画笔"工具 继续在视图中进行绘制，去除视图左侧的伞图像，效果如图 5-123 所示。

图 5-116　定位测量点

图 5-117　绘制测量线

图 5-118　"旋转画布"对话框

图 5-119　旋转画布

图 5-120　绘制裁剪区域

图 5-121　裁剪图像

2. 仿制图章工具

（1）选择"仿制图章"工具 ，参照图 5-124 所示在选项栏中进行参数设置，然后将视图左侧的人物及椅子边缘去除，替换为临近的沙滩及海洋图像。

图 5-122　去除海面大部分人物图像　　图 5-123　去除视图左侧的伞图像　　图 5-124　仿制图像

（2）在"仿制图章"工具 选项栏中调整参数，然后在视图右侧进行绘制，将图案补充完整，效果如图 5-125 所示。

（3）放大视图，使用"仿制图章"工具 将视图中部的人物细节以及小船图像去除，效果如图 5-126 所示。

图 5-125　补充图像

图 5-126　去除细节图像

（4）单击"图层"调板底部的"创建新的填充或调整图层"　按钮，在弹出的菜单中选择"色相/饱和度"命令，打开"调整"调板，参照图 5-127 所示在调板中设置参数，调整图像整体的颜色，效果如图 5-128 所示。

图 5-127　"调整"调板

图 5-128　提亮图像颜色

5.7　实例：雪糕广告（图像修饰工具）

图像修饰工具组包括"模糊"工具　、"锐化"工具　和"涂抹"工具　，常用于控制图像的对比度、清晰度，创建精美、细致的图像。"模糊"工具　和"锐化"工具　主要通过调整相邻像素之间的对比度实现图像的模糊和锐化，前者会降低相邻像素间的对比度，后者则是增加相邻像素间的对比度。

下面将以本节制作的雪糕广告向大家介绍以上工具在实际操作中是如何运用的，完成效果如图 5-129 所示。

1. 模糊工具

（1）打开配套素材\Chapter-05\"雪糕图像.psd"文件，如图 5-130 所示。

图 5-129　完成效果

图 5-130　素材图像

（2）参照图 5-131 所示，使用"模糊"工具　对水果图像进行修饰，使图像的边界区域变得柔和，得到模糊效果。

2. 锐化工具

参照图 5-132 所示，使用"锐化"工具　在图像上多次单击，使图像更为清晰。

3. 涂抹工具

选择"涂抹"工具　，在雪糕左下角单击并拖动鼠标，即可对图像进行修饰，得到图5-133 所示效果。

图 5-131　模糊图像

图 5-132　锐化图像

图 5-133　涂抹图像

5.8　实例：葱油酥饼干包装立体图（颜色调整工具）

　　图像颜色调整工具组包括"减淡"工具 　、"加深"工具 　和"海绵"工具 　，它们用于对图像的局部进行色调和颜色上的调整。"颜色替换"工具 　位于绘图工具组，使用此工具可以用前景色替换图像中的色彩。

　　下将将通过调整图 5-134 所示的葱油酥饼干包装立体图，向读者介绍颜色调整工具的使用方法。

　　1. 加深工具

　　（1）打开配套素材\Chapter-05\"葱油酥饼干包装.psd"文件，如图 5-135 所示。

　　（2）选择"加深"工具 　，在视图中对图像暗部进行涂抹，增强包装图像的明暗效果，如图 5-136 所示。

图 5-134　完成效果

图 5-135　素材图像

　　2. 减淡工具

　　选中"图层 4"，使用"减淡"工具 　对图像的亮部进行涂抹，使图像颜色变淡，效果如图 5-137 所示。

　　3. 海绵工具

　　选择"海绵"工具 　，在视图中饼干区域进行绘制，即可调整图像的饱和度，如图 5-138

所示。

图 5-136　加深图像颜色

图 5-137　减淡图像颜色

　在使用"海绵"工具🧽时，在键盘中输入相应的数字便可以改变"流量"参数。0 代表 100%，1 代表 10%，参数取值范围为 1%～100%。"加深"工具✏️和"减淡"工具🔍改变的是"曝光度"。

4. 颜色替换工具

设置图像的前景色为红色（C：0、M：96、Y：95、K：0）。选择"颜色替换"工具✏️，在需要替换颜色的图像上单击并拖动鼠标，即可将图像的颜色替换为前景色，如图 5-139 所示。

图 5-138　调整图像的饱和度

图 5-139　替换图像颜色

5.9　实例：变形（操控变形功能）

操控变形功能是 Photoshop CS5 的新增功能之一。利用"编辑"菜单下的"操控变形"命令，可以在图像上建立网格，然后用"大头针"固定特定的位置后，其他的点就可以进行简单的拖拉移动。

下面将通过制作变形实例，向大家详细讲解如何对图像进行变形操控，完成效果如图 5-140 所示。

操控变形

（1）打开配套素材\Chapter-05\"大象.jpg"文件，如图 5-141 所示，然后使用"快速选择"工具✏️选中白色背景，如图 5-142 所示。

（2）选择"选择"|"反向"命令，选取大象图像，然后选择"选择"|"调整边缘"命令，打开"调整边缘"对话框，参照图 5-143 所示在该对话框中进行设置，此时大象边缘会出现

虚化现象，如图 5-144 所示，在选项栏中单击"抹除调整工具" 按钮，将大象边缘虚化的图像补充完整，如图 5-145 所示。

图 5-140　完成效果

图 5-141　素材图像

图 5-142　选取白色背景

图 5-143　"调整边缘"对话框

图 5-144　调整边缘效果

图 5-145　修复边缘

（3）单击"确定"按钮，完成选区边缘的调整，在新建的图层中复制选区中的图像，并通过"自由变换"命令调整图像的大小，为方便观察，将背景图层隐藏，然后添加颜色填充图层，如图 5-146 和图 5-147 所示。

（4）使用"椭圆"工具 在大象图像脚下位置绘制白色的投影图形，调整图层整体的不透明度为 80%，复制投影图形，然后调整后方两处投影所在图层总体的不透明度为 60%，如图 5-148 和图 5-149 所示。

图 5-146　添加背景填充图层

图 5-147　"图层"调板 1

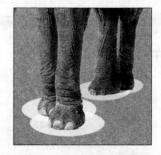

图 5-148　复制投影图形

（5）选中"图层 1"，选择"多边形套索"工具 ，参照 5-150 所示在视图中创建选区，

按下 Ctrl+X 快捷键剪切图像，然后选择"编辑"|"选择性粘贴"|"原位粘贴"命令，原位粘贴剪切的图像，并自动创建新的图层，如图 5-151 所示。

图 5-149　设置不透明度　　　　图 5-150　创建选区　　　　图 5-151　"图层"调板 2

（6）选择"编辑"|"操控变形"命令，显示操控网格，如图 5-152 所示，然后参照图 5-153 所示在网格上添加图钉。

（7）拖动底部的图钉向左侧移动，然后拖动中间的图钉向上移动，得到抬起的大象鼻子效果，如图 5-154 和图 5-155 所示。

图 5-152　显示操控网格　　　　图 5-153　添加图钉　　　　图 5-154　移动底部的图钉

（8）按下键盘上的 Enter 键确认变形效果，按下 Ctrl 键单击"图层 2"的缩略图，载入其选区，然后按下 Ctrl+Shift 快捷键单击"图层 1"的缩略图，加选其选区，如图 5-156 所示。

（9）然后单击"图层"调板底部的"创建新的填充或调整图层" 按钮，在弹出的菜单中选择"曲线"命令，打开"调整"调板，参照图 5-157 所示进行设置，调整大象图像整体的亮度，如图 5-158 所示。

图 5-155　移动中间的图钉　　　　图 5-156　载入选区　　　　图 5-157　"调整"调板 3

（10）打开配套素材\Chapter-05\"资料图.jpg"文件，拖动图像到当前正在编辑的文件中，通过执行"自由变换"命令，调整图像的大小和位置，如图 5-159～图 5-161 所示。

图 5-158　调整图像亮度

图 5-159　素材图像

图 5-160　调整图像大小和位置

（11）调整素材图像所在图层总体的不透明度为 70%，然后选择"钢笔"工具，单击选项栏中的"形状图层"按钮，在视图中绘制深绿色（C：78、M：21、Y：100、K：0）、绿色（C：71、M：1、Y：100、K：0）和红色的装饰图形，如图 5-162～图 5-164 所示。

（12）使用"横排文字"工具在视图中创建文字，并为文字添加投影和描边效果，然后继续在视图中创建文字信息，完成实例的制作，如图 5-165～图 5-167 所示。

图 5-161　"图层"调板 4

图 5-162　调整图像的不透明度

图 5-163　绘制装饰图形

图 5-164　"图层"调板 5

图 5-165　创建文字

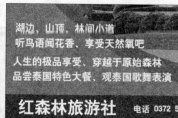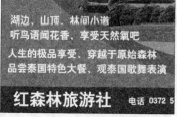

图 5-166　继续创建文字　图 5-167　"图层"调板 6

课后练习

1. 创建手绘画框，如图 5-168 所示。

要求：

（1）具备一幅素材图像。

（2）使用"画笔"工具 创建画框效果。

2. 创建艺术画效果，效果如图 5-169 所示。

图 5-168　手绘画框效果　　　　　　　　图 5-169　艺术画效果

要求：

（1）具备一幅彩色图像。

（2）使用"海绵"工具 在"饱和"模式下进行绘制以创建艺术画效果。

第6课
文字的应用

本课知识结构

在 Photoshop 中进行设计创作时，无论是设计主体，还是装饰元素，常常需要巧妙地利用文字元素进行点缀。在设计作品中，文字元素不仅可以协助大家明确地了解作品所呈现的主题，同时也在整个作品中扮演了重要的角色。

合理的文字布局和设计在广告、海报、网页设计等平面设计作品中可以起到画龙点睛的作用。本课中将讲解关于文字应用的知识和技巧，希望读者可以对这些知识得到充分掌握。

就业达标要求

☆ 掌握如何选择文本　　　　☆ 掌握如何沿路径绕排文字

☆ 掌握如何输入文本　　　　☆ 掌握如何变形文字

☆ 掌握如何更改文本方向　　☆ 了解文字的其他编辑方式

☆ 掌握如何格式化文本

建议课时

2 小时

6.1 实例：旅游路线表格（选择文字）

在对文字进行编辑时，通过选择不同的文本，并使文字的大小、颜色、字体等设置不同，产生丰富多彩的效果。选择文字的方法有很多种，如使用鼠标单击选取、使用鼠标拖动选取、使用键盘选取等。

下面将通过本节制作的旅游路线表格向大家讲解各种选择文字的方法，完成效果如图6-1所示。

选择文字

（1）打开配套素材\Chapter-06\"旅游路线.psd"文件，如图 6-2 所示。

图 6-1　完成效果

图 6-2　素材图像

（2）选择"横排文字"工具 **T.**，在视图中单击，即可插入光标，如图 6-3 所示。

（3）按住键盘上 Shift 键的同时按下键盘上的方向键"←"，将光标前的符号选中，这时被选择的项目为反白效果，如图 6-4 所示。

（4）单击"设置前景色"按钮，在打开的"拾色器（前景色）"对话框中设置颜色为红色（C：0、M：96、Y：95、K：0），设置文字颜色，如图 6-5 所示。

图 6-3　插入光标

图 6-4　选择文字

图 6-5　设置文字颜色

（5）接下来在需要的文本上拖动鼠标，即可将其选中，如图 6-6 所示。

（6）使用相同的方法，继续选择文字并设置其颜色，效果如图 6-7 所示。

图 6-6　选择文字

图 6-7　设置文字颜色

（7）在段落中连续单击三次，可以将整个段落文本选中，如图 6-8 所示。

（8）参照图 6-9 所示，在选项栏中设置段落文本的字体。

（9）参照图 6-10 所示，在视图中拖动鼠标选中段落文本，并在选项栏中设置文本的字体。然后使用相同的方法，选择文本并设置其字体，得到图 6-10 右图所示效果。

 提示　在文本中连续单击五次，即可将当前图层中的所有文本选中，如图 6-11 所示。

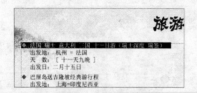

图 6-8　选择段落文字　　　　　　　　　　图 6-9　设置文本字体

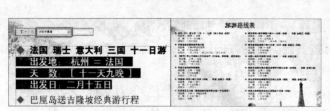

图 6-10　设置文本字体　　　　　　　　　图 6-11　选择所有文本

6.2　实例：时尚杂志（输入文本）

Photoshop CS5 中的文字工具包括"横排文字"工具 T、"直排文字"工具 IT、"横排文字蒙版"工具 T和"直排文字蒙版"工具 IT4 种。其中用于直接输入文本的是"横排文字"工具 T和"直排文字"工具 IT，用于创建文字选区的是"横排文字蒙版"工具 T和"直排文字蒙版"工具 IT。

下面将通过本节制作的时尚杂志图像向大家讲解如何在文件中输入文本，完成效果如图 6-12 所示。

1. 输入文字

"横排文字"工具 T是最基本的文字输入工具，也是使用最多的一种文字工具，使用该工具可以在水平方向上创建文字。

（1）选择"文件"|"新建"命令，打开"新建"对话框，参照如图 6-13 所示设置页面大小，单击"确定"按钮完成设置，创建一个新文档，并填充背景色为黄色（C：10、M：0、Y：83、K：0）。

（2）选择"横排文字"工具 T，在视图中单击插入光标，如图 6-14 所示。

（3）输入文本"A CAR"，单击选项栏中的"提交所有当前编辑" ✓按钮，完成文本的输入，如图 6-15 所示。

单击横排文字工具选项栏中的"取消所有当前编辑" ◎按钮，可以将正处于编辑状态的文字复原。

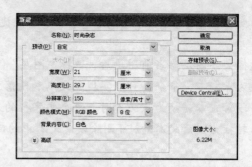

图 6-12　完成效果　　　　　　　　　　图 6-13　"新建"对话框

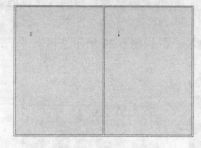

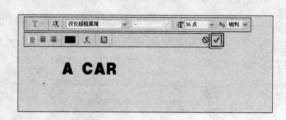

图 6-14　插入光标　　　　　　　　　　图 6-15　输入文本

2. 点文本和段落文本

（1）使用"横排文字"工具 T 在视图中输入文本"CALLED"，按快捷键 Ctrl+Enter，完成文本的输入，如图 6-16 所示。

 在创建点文本时如果需要换行，只要按下键盘上的 Enter 键即可，若按下小键盘上的 Enter 键，则可完成文本的输入。

（2）参照图 6-17 所示，使用"横排文字"工具 T 在视图中单击并拖动鼠标，绘制文本框，释放鼠标后，在文本框中输入文字即可创建段落文本。

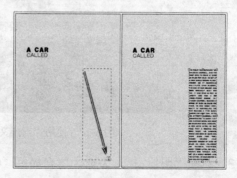

图 6-16　点文本　　　　　　　　　　　图 6-17　创建段落文本

 点文本和段落文本也可以像图形一样进行缩放、倾斜和旋转等变换操作。变换文字时，首先在"图层"调板中选择文字图层为当前图层，然后选择"编辑"|"自

由变换"命令，或按下键盘上的 Ctrl+T 快捷键进行变换操作，如图 6-18 所示。

选择文字图层为当前图层后，选择"图层"|"文字"|"转换为段落文本"或"转换为点文本"命令，可以实现点文本和段落文本的相互转换。但需要注意的是，将段落文本转换为点文本时，每个文字行的末尾都会添加一个回车符号。将点文本转换为段落文本后，可删除段落文本中的回车符，使字符在文本框中重新排列。

3. 文字选区的创建

（1）选择"直排文字蒙版"工具![icon]，在视图中单击，进入蒙版状态，当插入光标时输入文字"BLUEBIRD"，如图 6-19 所示。

（2）按键盘上的 Ctrl+Enter 组合键，完成文本的输入，得到图 6-20 所示选区。

图 6-18　旋转文本　　　　图 6-19　输入文本　　　　图 6-20　形成选区

如果使用"横排文字蒙版"工具![icon]，可以在水平方向上创建文字选区，该工具的使用方法与"横排文字"工具![icon]相同，创建完成后单击"提交所有当前编辑"![icon]按钮或在工具箱中选择其他工具，选区便创建完成，如图 6-21 所示。

图 6-21　使用"横排文字"工具创建文字选区

（3）新建"图层 1"，为选区填充褐色（C：51、M：86、Y：100、K：27），并取消选区，如图 6-22 所示。

使用"横排文字蒙版"工具![icon]或"直排文字蒙版"工具![icon]创建的选区，不仅可以填充单一颜色，还可以填充渐变色或图案，如图 6-23、图 6-24 所示。

图 6-22　为选区填充颜色

图 6-23　填充渐变色

图 6-24　填充图案

（4）打开配套素材\Chapter-06\"蓝色汽车.jpg"文件。然后使用"移动"工具拖动素材图像到正在编辑的文档中，调整图像位置，如图 6-25 所示。

（5）在"图层"调板中为"图层 2"设置混合模式为"点光"选项，得到图 6-26 所示效果。

图 6-25　添加素材图像

图 6-26　设置混合模式的效果

6.3　实例：金鱼咬锦（更改文本方向）

可以创建横排文本和竖排文本两种文本，这两种文本可以相互转换，从而方便了对文本的编排。在将英文字符竖排排列时，英文字母为倾斜状态，通过执行"标准垂直罗马对齐方式"，可以旋转英文字母的角度。

下面将制作如图 6-27 所示的金鱼咬锦图像效果，通过此例的制作，我们将为大家详细介绍横排文本和竖排文本相互转换的方法。

更改文本方向

（1）打开配套素材\Chapter-06\"金鱼跳水.psd"文件，如图 6-28 所示。

（2）参照图 6-29 所示，使用"横排文字"工具在视图中输入文本"free breathing"。

（3）单击选项栏中"更改文本方向"按钮，即可更改文本的方向，如图 6-30 所示。

图 6-27 完成效果

图 6-28 素材图像

图 6-29 输入文字

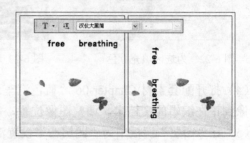

图 6-30 更改文本方向

 单击"更改文本方向" 按钮，可以使横排文本和竖排文本相互转换。

（4）单击"字符"调板右上角的 按钮，在弹出的快捷菜单中选择"标准垂直罗马对齐方式"命令，更改字母显示的方向，如图 6-31、图 6-32 所示。

（5）参照图 6-33、图 6-34 所示，在"字符"调板中设置文字格式。

图 6-31 菜单

图 6-32 更改字母方向

图 6-33 "字符"调板

（6）使用"直排文字"工具 在视图中输入文本"自由的呼吸"，如图 6-35 所示。

图 6-34 设置文字格式效果

图 6-35 创建直排文字

6.4 实例：信息海报（设置文本的格式）

输出文本后，一般情况下，都需要对其进行美化，而设置文本格式可以达到这一目的。另外，文字图层在栅格化之前，用户可对其格式进行设置，以适合图像整体的要求。Photoshop CS5 为用户提供了设置文本格式的渠道，那就是"字符"调板、"段落"调板，以及对应的文字工具选项栏。

下面将通过制作如图 6-36 所示的信息海报实例，向大家展示具体如何设置文本格式。

1. 设置文字格式

（1）打开配套素材\Chapter-06\"文字信息.psd"文件，如图 6-37 所示。

（2）选择"窗口"|"字符"命令，打开"字符"调板，如图 6-38 所示。

图 6-36　完成效果　　　　　图 6-37　素材图像　　　　图 6-38　"字符"调板 1

（3）选中相应文本图层，单击"字符"调板中的"设置字体系列"下拉按钮，在其下拉列表中选择　种需要的字体类型，即可对文本进行设置，如图 6-39、图 6-40 所示。

（4）在"字符"调板中的"设置字体大小"参数栏中输入数值 53，即可对文字的大小进行调整，如图 6-41、图 6-42 所示。

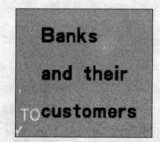

图 6-39　"设置字体系列"下拉按钮　　　图 6-40　设置文本字体的效果　　　图 6-41　"字符"调板 2

（5）参照图 6-43 所示，在"设置行距"参数栏中输入数值 58，即可设置文字行之间的距离，得到图 6-44 所示效果。

（6）同样在"字符"调板中，设置"垂直缩放"参数为 150%，可调整文本的高度，如图 6-45、图 6-46 所示。

（7）在"所选字符的字距"下拉列表中选择 10，即可设置文字间距，如图 6-47、图 6-48 所示。

图 6-42　设置文字大小的效果

图 6-43　"字符"调板 3

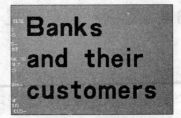
图 6-44　设置行距的效果

图 6-45　"字符"调板 4

图 6-46　设置垂直缩放效果

图 6-47　"字符"调板 5

（8）单击"字符"调板中的"全部大写字母" **TT** 按钮，设置英文字母为大写，如图 6-49、图 6-50 所示。

图 6-48　设置字距

图 6-49　"字符"调板 6

图 6-50　全部大写字母

（9）在"设置消除锯齿的方法"下拉列表中选择"浑厚"选项，消除文字锯齿效果，如图 6-51、图 6-52 所示。

图 6-51　"字符"调板 7

图 6-52　消除锯齿

提示

　在"设置消除锯齿的方法"下拉列表中包含 5 个选项，其他 4 个选项分别是"无"、"锐利"、"犀利"和"平滑"。每个选项只针对输入的整段文字起作用，不能对单个字符运用效果。

2. 设置段落格式

（1）选中相应文本图层，单击"段落"调板中的"左对齐文本"  按钮，调整文本左对齐，如图 6-53、图 6-54 所示。

（2）参照图 6-55、图 6-56 所示，选中相应文本图层，单击"段落"调板中的"居中对齐文本" 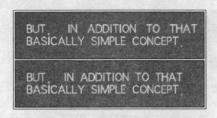 按钮，调整文本居中对齐。

图 6-53　"段落"调板 1　　　图 6-54　设置段落文本左对齐　　　图 6-55　"段落"调板 2

（3）选中相应文本图层，单击"段落"调板中的"右对齐文本"  按钮，调整文本右对齐，如图 6-57、图 6-58 所示。

图 6-56　居中对齐文本　　　　　　　图 6-57　"段落"调板 3

（4）参照图 6-59、图 6-60 所示，单击"段落"调板中的"最后一行左对齐" 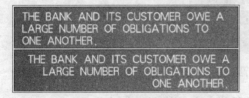 按钮，使段落文本左右对齐，而最后一行左对齐。

图 6-58　右对齐文本　　　　　　　　图 6-59　"段落"调板 4

（5）选中相应文本图层，单击"段落"调板中的"最后一行居中对齐"  按钮，使段落文本左右对齐，最后一行居中对齐，如图 6-61、图 6-62 所示。

图 6-60　最后一行左对齐　　　　　　图 6-61　"段落"调板 5

提示　　选项栏中的"左对齐文本"  按钮、"居中对齐文本"  按钮和"右对齐文本"

按钮也可以用来设置输入文字的对齐方式。

（6）选中相应文本图层，在"段落"调板中设置"左缩进"参数为 32 点，如图 6-63、图 6-64 所示。

图 6-62　最后一行居中对齐　　　　　　　　　图 6-63　"段落"调板 6

（7）参照图 6-65 所示，选中相应文本图层，设置"首行缩进"参数为 20 点，即可缩进文本的第一行文字，如图 6-66 所示。

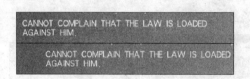

图 6-64　设置左缩进　　　　　　　　　　　图 6-65　"段落"调板

（8）选中相应段落文本，在"段落"调板中勾选"连字"复选框，可以使段落的最后一个单词分行显示，并添加连字符，如图 6-67、图 6-68 所示。

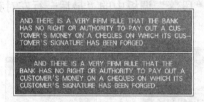

图 6-66　设置首行缩进　　　　　　　　　图 6-67　"段落"调板 7

（9）参照图 6-69 所示，选中相应段落文本，单击"右对齐文本" 按钮，调整文本右对齐。

图 6-68　添加连字符　　　　　　　　　　图 6-69　右对齐文本

（10）选中所有文本图层，配合使用键盘上的 Ctrl+T 组合键调整文本旋转角度，如图 6-70 所示。

（11）参照图 6-71 所示，新建"图层 1"，使用"矩形选框"工具 在视图中为文本绘制黑色衬底图像，如图 6-72 所示。

图 6-70　设置文本旋转角度　　　　图 6-71　"图层"调板　　　　图 6-72　为文字添加黑底图像

6.5　实例：音乐会海报（沿路径绕排文字和变形文字）

在 Photoshop CS5 中，用户可以根据需要在路径上添加文字，并可以修改文字、变换文字大小和颜色等；也可以通过文字变形对输入的文字进行更加艺术化的处理。下面将通过本节制作的音乐会海报，向大家讲解如何沿路径绕排文字以及变形文字，完成效果如图 6-73 所示。

1. 路径文字

（1）打开配套素材\Chapter-06\"吉他和音响.psd"文件，如图 6-74 所示。

（2）单击"路径"调板中的"创建新路径" 　按钮，新建"路径 1"，使用"钢笔工具"在视图中绘制路径，如图 6-75 所示。

图 6-73　完成效果　　　　　　图 6-74　素材图像　　　　　　图 6-75　绘制路径

（3）选择"横排文字"工具 T，当移动鼠标到路径上，变为 状态时单击鼠标，插入光标，即可输入文本，文本将会沿路径排列，效果如图 6-76 所示。

（4）选择"路径选择"工具 ，移动鼠标到路径上，当鼠标变为 状态时单击并拖动，即可调整文本的方向，如图 6-77 所示。

（5）使用同步骤（2）～（4）相同的方法，继续在视图中添加沿路径绕排的文本，具体情况如图 6-78、图 6-79 所示。

图 6-76　输入文本

图 6-77　调整文本方向

图 6-78　"图层"调板

（6）选中所有沿路径绕排的文本图层，按快捷键 Ctrl+G，将其编组。然后调整该组到"音响和吉他"图层下方，并设置混合模式为"叠加"选项，如图 6-80 所示，效果如图 6-81 所示。

图 6-79　添加文本

图 6-80　"图层"调板

图 6-81　设置混合模式

2. 变形文字

（1）在"图层"调板中双击"音乐晚会"文本图层，将该文本选中。

（2）单击选项栏中的"创建文字变形" 按钮，打开"变形文字"对话框，参照图 6-82 所示在该对话框中设置参数。

（3）单击"确定"按钮完成设置，调整文本的外观形状，得到图 6-83 所示效果。

图 6-82　"变形文字"对话框

图 6-83　对文字进行变形

6.6　实例：打折卡片（变形文字）

在编辑文字的过程中，将文字转换为形状或路径后，还可以对文字进行变形。

下面将通过制作如图 6-84 所示的打折卡片，向大家详细讲解如何对文字进行变形处理。

变形文字

（1）打开配套素材\Chapter-06\ "背景.jpg" 文件，如图 6-85 所示。

（2）单击"图层"调板底部的"创建新的填充或调整图层"  按钮，在弹出的菜单中选择"渐变"命令，弹出"渐变填充"对话框，单击渐变色条，弹出"渐变编辑器"对话框，参照图 6-86 所示在该对话框中进行设置，然后单击"确定"按钮，返回"渐变填充"对话框，继续进行设置，如图 6-87 所示。

图 6-84　完成效果

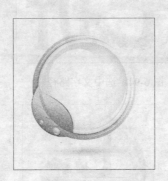

图 6-85　素材图像

图 6-86　"渐变编辑器"对话框

（3）单击"确定"按钮，创建渐变填充效果，如图 6-88 所示，然后设置图层的混合模式为"叠加"，如图 6-89 和图 6-90 所示。

图 6-87　"渐变填充"对话框

图 6-88　渐变填充效果

图 6-89　设置混合模式

（4）选择"横排文字"工具 T，参照图 6-91 所示在视图中创建文字。

（5）在文字图层上右击，在弹出的菜单中选择"转换为形状"命令，将文字转换为形状，如图 6-92 所示，转换后"图层"调板中的情况如图 6-93 所示。

图 6-90　叠加效果

图 6-91　创建文字

图 6-92　将文字转换为形状

（6）使用"路径选择"工具 ，选中部分文字路径，然后调整文字的位置，如图 6-94 和图 6-95 所示。

（7）使用"路径选择"工具 ，继续调整文字路径的位置，并通过"自由变换"命令分别调整文字路径的大小，如图 6-96～图 6-98 所示。

图 6-93 "图层"调板中的状态

图 6-94 选中文字路径

图 6-95 调整位置

图 6-96 继续调整文字位置

图 6-97 调整文字大小

图 6-98 继续调整文字大小

（8）使用"删除锚点"工具 ，删除部分锚点，然后使用"直接选择"工具 ，调整锚点的位置，完成卡片的制作，效果如图 6-99 所示。

图 6-99 变形文字

6.7 实例：化妆品杂志（对文字的其他编辑）

编辑文字的过程中，还有其他一些工具命令，如"查找与替换"命令、"拼写与检查"命令、"栅格化文字"命令以及文字"首选项"对话框等。通过学习这些命令及选项，读者可以对操作文字有更深的了解。

下面将通过制作图 6-100 所示的化妆品杂志，向大家详细讲解如何对文字进行更为完善的编辑。

1. 查找和替换文本

（1）打开配套素材\Chapter-06\"文本信息.psd"文件，如图 6-101 所示。

（2）选择"编辑"|"查找和替换文本"命令，打开"查找和替换文本"对话框，在"查找内容"文本框中输入需要查找的文本，并在"更改为"文本框中输入需要更改的内容，如图 6-102 所示。

图 6-100　完成效果　　　　　　　　　图 6-101　素材图像

（3）单击"查找和替换文本"对话框中的"查找下一个"按钮，即可选中需要查找的文本，如图 6-103、图 6-104 所示。

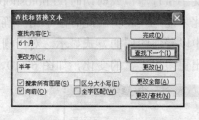

图 6-102　"查找和替换文本"对话框　　　图 6-103　"查找下一个"按钮

（4）单击"查找和替换文本"对话框中的"更改"按钮，即可将选中的文本更改为"半年"，如图 6-105、图 6-106 所示效果。

图 6-104　查找的文本　　　　　　　　图 6-105　"更改"按钮

（5）单击"查找和替换文本"对话框中的"更改全部"按钮，可将需要更改的文本全部更改，同时会弹出一个如图 6-107 所示的提示框，单击"确定"按钮，关闭对话框即可。

2. 拼写与检查

Photoshop 与文字处理软件 Word 一样具有拼写检查的功能。该功能有助于在编辑大量文本时，对文本进行拼写检查。具体操作时，首先选择文本，然后选择"编辑"｜"拼写检查"命令，就可以在弹出的对话框中进行设置，如图 6-108 所示。

图 6-106 替换文本

图 6-107 弹出的提示框

Photoshop 一旦检查到文档中有错误的单词，就会在"不在词典中"选项中显示出来，并在"更改为"选项中显示建议替换的正确单词。

在"建议"列表框中会显示一系列与此单词拼写相似的单词，以便选择替换。如果认为"更改为"文本框的单词正确，那么单击"更改"按钮就可以替换错误的单词，Photoshop 会继续往下查找错误的单词。如果认为检查出来的单词没有错误，则可以单击"忽略"按钮，完成拼写检查后，单击"完成"按钮即可。

3. 栅格化文字

在对文字执行滤镜或剪切时，Photoshop 会弹出一个警告对话框，如图 6-109 所示。文字必须栅格化才能继续编辑。此时，单击"确定"按钮即可栅格化文字。栅格化的文字在"图层"面板中以普通图层的方式显示。对于栅格后的文字，用户可以对其进行再编辑，从而使文字呈现出更多更丰富的变化，如图 6-110、图 6-111 所示。

图 6-108 "拼写检查"对话框

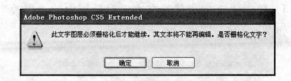

图 6-109 警告对话框

栅格后的文字不能够使用文本工具再次更改，因此，对于一些重要的文字内容，在栅格化之前建议用户复制一份以备后用。

4. 文字首选项设置

在"首选项"对话框中，通过"文字"选项，可以设置文字显示的方式，还可以设置字体预览的大小，如图 6-112 所示。通过这些设置，编辑文字将更加方便。下面就对"首选项"对话框中文字的设置选项做详细介绍。

图 6-110　栅格化文字效果

图 6-111　"图层"调板中的情况

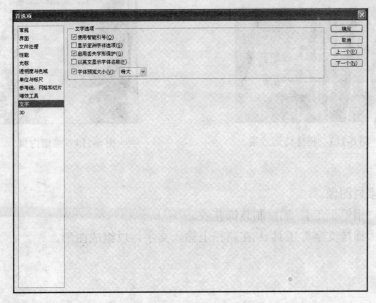

图 6-112　"首选项"对话框

- 使用智能引号：勾选该复选框，输入文本使用弯曲的引号代替直引号。
- 显示亚洲字体选项：勾选该复选框，可以在字体下拉列表中显示中文、日文和韩文的字体选项。
- 启用丢失字形保护：勾选该复选框，可以自动替换丢失的字体。
- 以英文显示字体名称：勾选该复选框，在字体下拉列表中显示的字体全部用英文来代替。
- 字体预览大小：用来设置字体下拉列表中字体显示的大小，其中包括小、中、大、特大和超大 5 种。

课后练习

1. 创建竖排诗词，效果如图 6-113 所示。

要求：

（1）具备一幅素材图像并找到与其相称的诗词内容。

（2）使用"直排文字"工具 $\bot T$ 在素材图像中创建垂直文本。

（3）利用"字符"调板调整文字的颜色以及相关属性。

2. 制作菜谱内页，效果如图 6-114 所示。

图 6-113　竖排诗词效果　　　　　　　图 6-114　菜谱内页

要求：

（1）添加素材图像。

（2）使用"钢笔"工具 绘制装饰花纹。

（3）使用"横排文字"工具 T 在路径上输入文字，以组成图形。

第 7 课
图　　层

本课知识结构

　　Photoshp 中的图层功能一度在平面设计类软件中占有很大的优势，一直延用到现在，与其相关的功能也在不断更新中。利用图层管理和编辑图像是 Photoshop 的特点之一。通过编辑各个图层中的元素，可以创造紧密关联的整体图像效果，从而构成优秀的平面设计作品。在 Photoshop 中，图像的所有编辑几乎都依赖于图层，可见图层的重要性。

　　本课就将以实例的方式向大家展示图层的一些概念和基本操作，希望读者通过本课的学习，可以快速并全面掌握关于图层的相关操作。

就业达标要求

☆　掌握如何新建、复制、合并和删除图层　　　☆　掌握如何对齐和分布图层

☆　掌握如何应用图层组　　　　　　　　　　　☆　掌握如何盖印图层

☆　掌握图层不透明度和混合模式如何设置　　　☆　使用调整图层

☆　掌握如何使用图层蒙版　　　　　　　　　　☆　应用智能对象

☆　掌握如何创建剪贴蒙版　　　　　　　　　　☆　认知内容识别比例

☆　掌握如何显示、选择、链接和排列图层

建议课时

　　4 小时

7.1　实例：仿古效果（新建、复制、合并和删除图层）

　　图层的基本编辑操作包括新建、复制、合并和删除图层。下面将通过制作如图 7-1 所示的仿古效果图像，向大家讲解具体的操作方法。

　　1. 新建图层

　　（1）打开配套素材\Chapter-07\ "古建筑.psd" 文件，如图 7-2 所示。

　　（2）选择 "图层 2"，如图 7-3 所示。选择 "图层" | "新建" | "图层" 命令，打开 "新建图层" 对话框，根据如图 7-4 所示，设置对话框参数。

图 7-1　完成效果

图 7-2　素材图像

图 7-3　选择"图层 2"

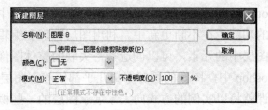

图 7-4　"新建图层"对话框

（3）完成设置后，单击"确定"按钮，关闭对话框，新建一个图层"图层 8"，如图 7-5
所示。

提示　单击"图层"调板底部的"创建新图层" 按钮，即可创建新图层。

（4）按住键盘上的 Ctrl 键单击"图层 5 副本 2"图层缩览图，将其载入选区，如图 7-6
所示。

图 7-5　新建图层

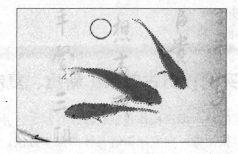

图 7-6　载入选区

（5）选择"选择"|"变换选区"命令，调整选区位置，并为选区填充深灰色（C：55、
M：57、Y：73、K：6），得到图 7-7 所示效果。

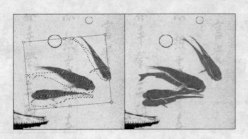

图 7-7　为选区填充颜色

（6）按住键盘上的 Ctrl 键单击"创建新图层" 按钮，在"图层 8"下方位置新建"图层 9"，如图 7-8、图 7-9 所示。

图 7-8　找到"图层 8"的位置

图 7-9　新建图层

2. 复制图层

（1）选择"图层 7"，拖动该图层到"创建新图层" 按钮处，释放鼠标后，复制图层为"图层 7 副本"，如图 7-10、图 7-11 所示。

图 7-10　选择图层

图 7-11　复制图层

（2）按快捷键 Ctrl+T，调整图像位置，得到图 7-12 所示效果。

提示　复制图层除了可以直接在"图层"调板中进行操作外，还可以通过"图层"菜单完成操作，选择"图层"|"复制图层"命令，可打开如图 7-13 所示的"复制图层"对话框。

3. 合并图层

（1）选择"图层 2"，选择"图层"|"向下合并"命令，将"图层 2"和其下方的"图层

1"合并，如图 7-14、图 7-15 所示。

图 7-12　调整图像

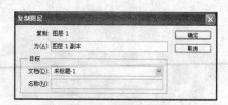

图 7-13　"复制图层"对话框

图 7-14　选择"图层 2"

图 7-15　合并图层

（2）参照图 7-16 所示，配合键盘上的 Shift 键选择"图层 3"、"图层 3 副本"和"图层 3 副本 2"3 个图层。选择"图层"|"合并图层"命令，将选择的图层合并，如图 7-17 所示。

图 7-16　选择图层

图 7-17　合并图层

（3）参照图 7-18 所示，调整图像位置。

4. 删除图层

（1）选择"图层 9"，如图 7-19 所示，单击"图层"调板底部的"删除图层" 🗑 按钮，这时会弹出一个如图 7-20 所示的提示框。

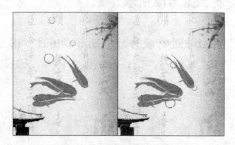

图 7-18　调整图像位置

图 7-19　选择"图层 9"

（2）单击"是"按钮，即可将该图层删除，如图 7-21 所示。

图 7-20　提示框

图 7-21　删除图层后的"图层"面板

 当"图层"调板中存在隐藏图层时，选择"图层"|"删除"|"隐藏图层"命令，即可将隐藏的图层删除。

7.2　实例：书籍插画（应用图层组）

图层组与图层间的关系是包含与被包含的关系，将图层放在图层组中可以便于管理图层，图层组中的图层可以被统一进行移动或变换，也可以单独进行编辑。如果在"图层"调板中存在大量图层，图层组就显得非常重要。下面将通过制作书籍插画实例向大家讲解如何应用图层组，完成效果如图 7-22 所示。

1. 从图层创建组

（1）打开配套素材\Chapter-07\"化学用品.psd"文件，如图 7-23 所示。

（2）参照图 7-24 所示，选择多个图层，选择"图层"|"图层编组"命令，将选择的图层组合为一组，如图 7-25 所示。

图 7-22　完成效果

图 7-23　素材图像

（3）参照图 7-26 所示，使用"移动"工具调整图像位置。

（4）选择"图层 1"和"图层 2"两个图层，如图 7-27 所示。选择"图层"|"新建"|"组"命令，打开"新建组"对话框，如图 7-28 所示。

（5）单击"确定"按钮，关闭对话框，将选择的图层编组，如图 7-29 所示。

（6）选择"图层 9"和"图层 10"，按快捷键 Ctrl+G，将选择的图层编组，如图 7-30、图 7-31 所示。

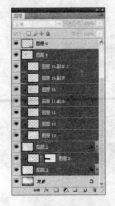

图 7-24 选择图层　　　　图 7-25　图层编组　　　　　　图 7-26　调整图像位置

图 7-27　选择图层　　　　　　　　　　图 7-28　"新建组"对话框

（7）参照图 7-32 所示，调整图像位置。

图 7-29　图层编组　　　　　　　　图 7 30　选择图层

图 7-31　图层编组　　　　　　　　图 7-32　调整图像位置

2. 创建图层组

（1）选择"图层"|"新建"|"组"命令，打开"新建组"对话框，如图 7-33 所示，单击"确定"按钮，关闭对话框，新建"组 4"图层组，如图 7-34 所示。

图 7-33　"新建组"对话框　　　　　　　图 7-34　创建新组

　单击"图层"调板底部的"创建新组"　按钮，即可创建图层组。

（2）单击"创建新图层"　按钮，新建"图层 17"，创建的新图层在"组 4"图层组中，如图 7-35 所示。然后使用"椭圆选框"工具　在视图中绘制蓝色（C：65、M：16、Y：20、K：0）圆圈，得到如图 7-36 所示效果。

图 7-35　创建新图层　　　　　　　图 7-36　绘制图像

7.3　实例：斑驳的背景（图层不透明度和混合模式）

图层不透明度指的是当前图层中图像的透明程度。图层混合模式是通过将当前图层中的像素与下面图像中的像素混合从而产生奇幻效果。当"图层"调板中存在两个以上的图层时，在上面图层中设置混合模式后，可在视图中观察到设置模式后的整体效果。

下面将制作如图 7-37 所示的斑驳的背景实例，通过该实例，我们将向大家讲解如何设置图层的不透明度和混合模式。

1. 图层不透明度

（1）选择"文件"|"新建"命令，打开"新建"对话框，参照图 7-38 所示在该对话框

中进行参数设置，然后单击"确定"按钮，创建新文件。

图 7-37　完成效果

图 7-38　"新建"对话框

（2）选择"文件"|"打开"命令，打开本书配套素材\Chapter-07\"背景素材 03.jpg"文件，如图 7-39 所示。

（3）使用"移动"工具 拖动素材图像到当前正在编辑的文件中，调整其位置后，在"图层"调板中设置图层的总体不透明度为 83%，使图像产生透明效果，如图 7-40 和图 7-41 所示。

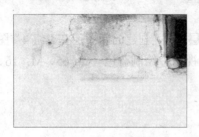

图 7-39　素材图像

图 7-40　设置图层的整体不透明度

2. 混合模式

（1）选择"文件"|"打开"命令，打开本书配套素材\Chapter-07\"背景素材 02.jpg"文件，如图 7-42 所示。

图 7-41　设置后的效果

图 7-42　素材图像

（2）使用"移动"工具 拖动图像到当前正在编辑的文件中，并参照图 7-43 所示调整图像的位置。

（3）在"图层"调板中设置"图层 2"的混合模式为"叠加"，如图 7-44 和图 7-45 所示。

（4）选择"文件"|"打开"命令，打开本书配套素材\Chapter-07\"背景素材 01.jpg"文件，如图 7-46 所示。然后拖动图像到当前正在编辑的文件中，并调整图像的大小和位置，如图 7-47 所示。

图 7-43　添加素材图像

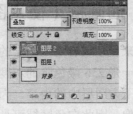

图 7-44　设置混合模式

图 7-45　叠加后的效果

图 7-46　素材图像

（5）在"图层"调板中设置"图层 2"的混合模式为"正片叠底"，如图 7-48 和图 7-49 所示。

图 7-47　调整素材图像

图 7-48　设置混合模式

（6）选择"横排文字"工具 T，参照图 7-50 所示在视图中创建文字，然后设置图层的混合模式为"正片叠底"，如图 7-51 和图 7-52 所示。

图 7-49　正片叠底效果

图 7-50　创建文字

图 7-51　设置混合模式

图 7-52　采用"正片叠底"模式的效果

7.4 实例：油画框（使用图层蒙版）

图层蒙版用来显示或者隐藏图层的部分内容，也可以用于保护图像的某些区域以免被编辑。图层蒙版是一张 256 级色阶的灰度图像，蒙版中的纯黑色区域可以遮罩当前图层中的图像，从而显示出下方图层中的内容，因此黑色区域将被隐藏，蒙版中的纯白色区域可以显示当前图层中的图像，因此白色区域可见；而蒙版中的灰色区域会根据其灰度值呈现出不同层次的半透明效果。

下面将制作图 7-53 所示的油画框，通过此例，向大家讲解图层蒙版的具体使用方法。

1. 创建图层蒙版

（1）选择"文件"|"打开"命令，打开本书配套素材\Chapter-07\"画框.jpg"文件，如图 7-54 所示。

（2）选择"文件"|"打开"命令，打开本书配套素材\Chapter-07\"油画.jpg"文件，使用"移动"工具拖动图像到当前正在编辑的文件中，并调整图像的大小、角度和位置，如图 7-55～图 7-57 所示。

图 7-53　完成效果　　　　图 7-54　打开素材图像　　　　图 7-55　素材图像

图 7-56　调整图像　　　　　　图 7-57　"图层"调板中的情况

（3）在"图层"调板中复制背景图层，并调整图层之间的顺序，如图 7-58 和图 7-59 所示。

图 7-58　复制背景图层　　　　图 7-59　调整图层顺序

（4）单击"图层"调板底部的"添加图层蒙版" ▢ 按钮，为"背景 副本"图层添加图层蒙版，如图 7-60 和图 7-61 所示。

图 7-60　单击"添加图层蒙版"按钮　　　图 7-61　添加图层蒙版

2. 编辑图层蒙版

（1）选择"钢笔"工具 ✎，参照图 7-62 所示在视图中绘制路径，然后单击"路径"调板底部的"将路径作为选区载入" ▢ 按钮，将路径作为选区载入，如图 7-63 和图 7-64 所示。

图 7-62　绘制路径　　　　　　图 7-63　单击"将路径作为选区载入"按钮

（2）按下键盘上的 Ctrl+Delete 快捷键，在蒙版中填充黑色，隐藏镜子中的图像，显现出下一层的人物图像，最后取消选区，"图层"调板中的情况如图 7-65 和效果图 7-66 所示。

图 7-64　将路径作为选区载入　　　图 7-65　编辑图层蒙版　　　图 7-66　显现下层图像

7.5　实例：制作画中画（创建剪贴蒙版）

剪贴蒙版就是使用下方图层中图像的形状，来控制其上方图层图像的显示区域。使用"创建剪贴蒙版"命令可以为图层添加剪贴蒙版效果。下面将制作画中画图像实例，通过此例，我们将向大家讲解具体是如何创建剪贴蒙版的，完成效果如图 7-67 所示。

创建剪贴蒙版

（1）选择"文件"|"打开"命令，打开配套素材\Chapter-07\"素材.jpg"文件，如图 7-68 所示。

图 7-67　完成效果　　　　　　　　　　图 7-68　素材图像

（2）新建"图层 1"，使用"矩形选框"工具 ▢ 在视图中绘制选区，为选区填充淡黄色（C：8、M：9、Y：29、K：0）后取消选区，如图 7-69 和图 7-70 所示。

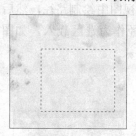

图 7-69　创建选区　　　　　　　　　　图 7-70　填充颜色

（3）选择"编辑"|"变换"|"变形"命令，调整图形的外形，如图 7-71 所示，单击"图层"调板底部的"添加图层样式"按钮，在弹出的菜单中选择"投影"命令，打开"图层样式"对话框，参照图 7-72 和图 7-73 所示在该对话框中设置参数，单击"确定"按钮后，为图像添加投影和描边效果，如图 7-74 所示。

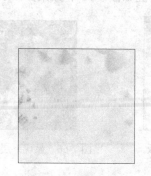

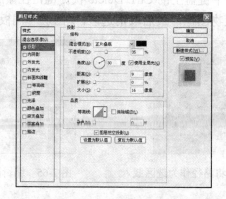

图 7-71　调整图形　　　　　　　　　　图 7-72　设置投影参数

（4）打开配套素材\Chapter-07\"儿童.jpg"文件，拖动图像到当前正在编辑的文件中，并通过执行"自由变换"和"透视"命令对图像进行调整，如图 7-75～图 7-77 所示。

（5）选择"图层"|"创建剪贴蒙版"命令，创建剪贴蒙版，使儿童照片置入相框图像中，如图 7-78 和图 7-79 所示效果。

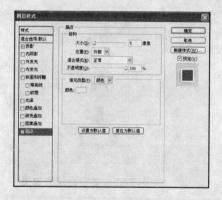

图 7-73　设置描边参数

图 7-74　为图像添加投影和描边后的效果

图 7-75　素材图像

图 7-76　添加并调整素材图像

图 7-77　"图层"调板中的图层情况

图 7-78　创建蒙版

图 7-79　创建剪贴蒙版的效果

（6）选择"横排文字"工具 T.，参照图 7-80 所示在视图中创建文字，然后在"图层"调板中调整图层总体的不透明度为 50%，如图 7-81 所示。文字设置的效果如图 7-82 所示，至此完成实例的制作。

图 7-80　创建文字

图 7-81　设置不透明度　　　　　　　　图 7-82　文字设置的效果

将鼠标放在"图层"调板中两个图层之间，按住 Alt 键，此时光标会变为 形状，单击即可转换上面的图层为剪贴蒙版图层；在创建了剪贴蒙版的图层间单击，光标会变为 形状，单击可以取消剪贴蒙版的设置。

7.6　实例：旅游广告（显示、选择、链接和排列图层）

在 Photoshop CS5 中，关于图层有一些基本操作，其中包括图层的显示、选择、链接和排列。下面将通过本节制作的旅游广告实例向大家讲解如何执行这些操作，完成效果如图 7-83 所示。

1. 显示图层

（1）执行"文件"|"打开"命令，打开本书配套素材\Chapter-07\"旅游.psd"文件，如图 7-84 所示。

图 7-83　完成效果　　　　　　　　　　图 7-84　素材图像

（2）选择"窗口"|"图层"命令，打开"图层"调板，如图 7-85 所示。

（3）单击"图层"调板内"图层 3"缩览图左侧的空白处，显示出眼睛图标，显示被隐藏的图层，若再次单击眼睛图标，即可隐藏该图层，如图 7-86 所示，图像显示的效果如图 7-87 所示。

图 7-85　"图层"调板　　　　　图 7-86　显示图像　　　　　图 7-87　显示图像效果

2. 选择图层

单击"锡杖"文本图层，当图层显示为蓝色时，表示该图层为选择状态，如图 7-88 所示。使用"移动"工具 ⊕ 调整"锡杖"文本位置，得到图 7-89 所示效果。

图 7-88　单击"锡杖"图层　　　　　图 7-89　调整文本位置

 在选项栏中设置"自动选择图层"功能后，使用"移动"工具 ⊕ 在图像上单击，即可将该图像对应的图层选取。

3. 链接图层

（1）按住键盘上 Shift 键单击"超自然景致……"文本图层，即可选择多个连续的图层，如图 7-90 所示。

（2）选择"图层"|"链接图层"命令，即可将选中的图层链接，如图 7-91 所示。

 按下键盘上 Ctrl 键的同时在"图层"调板中单击不连续的图层，可添加或取消所选图层的选择状态，如图 7-92 所示。

（3）使用"移动"工具 ⊕ 调整文本位置，相互链接的图层将会同时被移动，如图 7-93 所示。

图 7-90　选择多个连续的图层　　　图 7-91　链接图层　　　图 7-92　选择多个不连续图层

（4）选择"云湖天坛"文本图层，单击"图层"调板底部的"链接图层"  按钮，取消该图层的链接，如图 7-94、图 7-95 所示。

图 7-93　调整文本位置　　　　　　图 7-94　选择"云湖天坛"文本图层

（5）使用"移动"工具 调整文本位置，得到图 7-96 所示效果。

图 7-95　取消链接　　　图 7-96　调整"云湖天坛"文本位置后的效果

4. 排列图层

（1）选中"图层 1"，如图 7-97 所示，效果如图 7-98 所示。

图 7-97　选择"图层 1"

图 7-98　图像效果

（2）选择"图层"|"排列"|"后移一层"命令，将该图层后移一层，如图 7-99 所示，得到如图 7-100 所示效果。

图 7-99　后移"图层 1"

图 7-100　调整图层位置后的效果

（3）选中"图层 4"，并拖动"图层 4"到"图层 2"上方位置，如图 7-101 所示，释放鼠标后，调整该图层到"图层 2"上方位置，如图 7-102 所示。调整图层的顺序后，效果如图 7-103 所示。

图 7-101　移动图层　图 7-102　调整图层位置后的情况　图 7-103　调整图层位置的效果

选择"图层"|"排列"命令，会弹出某下一级的子菜单，其中除了上述操作中提到的"后移一层"命令外，还包括其他一系列的关于调整图层顺序的命令，如图 7-104 所示。

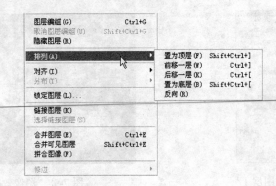

图 7-104 "排列"命令的子菜单

- 置为顶层：选择该命令，或按下 Ctrl+Shift+]快捷键，可将当前所选图层移至所有图层的上方，成为顶层。
- 前移一层：选择该命令，或按下 Ctrl+]快捷键，可将当前选择图层上移一层。
- 置为底层：选择该命令，或按下 Ctrl+Shift+[快捷键，可以将当前所选图层移至所有图层的下方，成为底层。
- 反向：在选择多个图层的前提下，选择该命令，可以逆序排列所选图层。

7.7 实例：彩色铅笔（对齐和分布图层）

如果需要完全对齐几个图层中的对象，或将几个图层中的对象平均分布，可以单击"移动"工具 选项栏中的相应按钮进行对齐和分布操作，或者使用"图层"菜单中的"对齐"和"分布"命令来实现操作。下面将通过制作图 7-105 所示的彩色铅笔图像，向读者讲解如何实现对齐和分布图层。

1. 对齐图层

（1）打开配套素材\Chapter-07\"凌乱的铅笔.psd"文件，如图 7-106 所示。

（2）使用键盘上的 Shift 键选择多个连续的图层，如图 7-107 所示。

 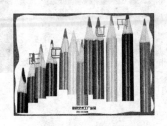 

图 7-105　完成效果　　　　图 7-106　素材图像　　　　图 7-107　选择多个连续图层

（3）选择"移动"工具 ，在选项栏中单击"底对齐" 按钮，使选择的图层底对齐，如图 7-108 所示。

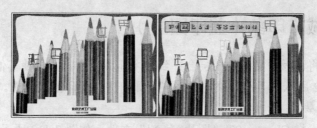

图 7-108　调整图像底对齐

选择两个或两个以上的图层，再选择"图层"|"对齐"命令，会弹出如图 7-109 所示的子菜单，其中列出了全部的对齐方式。

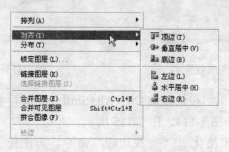

图 7-109　"对齐"命令子菜单

2. 分布图层

单击选项栏中的"水平居中" 按钮，以选择的图层中心作为参考在水平方向上均匀分布图像，得到如图 7-110 所示效果。

选择 3 个或 3 个以上的图层，再选择"图层"|"分布"命令，会弹出如图 7-111 所示的子菜单，其中列出了全部的分布方式。

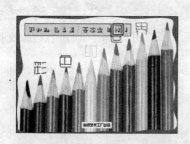 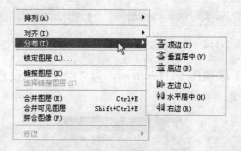

图 7-110　调整图像水平居中分布　　　　图 7-111　"分布"命令子菜单

- 顶边：以所选图层中对象的顶端作为参考在垂直方向上均匀分布。
- 垂直居中：以所选图层中对象的中心作为参考在垂直方向上均匀分布。
- 底边：以所选图层中对象的底边作为参考在垂直方向上均匀分布。
- 左边：以所选图层中对象的左端作为参考在水平方向上均匀分布。
- 水平居中：以所选图层中对象的中心作为参考在水平方向上均匀分布。
- 右边：以所选图层中对象的右端作为参考在水平方向上均匀分布。

7.8 实例：城市印象（盖印图层）

盖印图层可以将调板中显示的图层合并到一个新图层中，同时使其他图层保持完好。下面将通过制作 7-112 所示的手绘效果向大家展示如何进行盖印图层操作。

1. 盖印可见图层

（1）打开配套素材\Chapter-07\ "图片窗.psd" 文件，如图 7-113 所示。

图 7-112　完成效果　　　　　　　　　　　　图 7-113　素材图像

（2）选择 "组 1" 图层组，按快捷键 Ctrl+Alt+Shift+E，即可将文档中可见图层复制并合并到一个新建的图层中，如图 7-114、图 7-115 所示。

（3）选择 "滤镜" | "风格化" | "查找边缘" 命令，为图像添加滤镜效果，如图 7-116 所示。

图 7-114　选择图层组　　　图 7-115　盖印可见图层　　　图 7-116　添加查找边缘效果

（4）参照图 7-117 所示，为 "图层 5" 设置混合模式为 "变暗" 选项，得到如图 7-118 所示效果。

图 7-117　设置混合模式　　　　　　　　　　图 7-118　设置混合模式

2. 盖印图层

（1）选择"图层 1"和"图层 2"，按快捷键 Ctrl+Alt+E，即可将选择的图层复制并合并到一个新建的图层中，如图 7-119、图 7-120 所示。

图 7-119　选择图层

图 7-120　盖印图层

（2）选择"滤镜"|"杂色"|"添加杂色"命令，打开"添加杂色"对话框，参照图 7-121 所示设置对话框参数，单击"确定"按钮完成设置，得到如图 7-122 所示效果。

图 7-121　"添加杂色"对话框

图 7-122　添加滤镜后的效果

（3）为"图层 2（合并）"设置混合模式为"颜色加深"选项，如图 7-123 所示，效果如图 7-124 所示。

图 7-123　设置混合模式

图 7-124　设置混合模式的效果

7.9 实例：富贵牡丹（使用新建调整图层）

使用"新建调整图层"命令可以对图像的颜色或色调进行调整，与"图像"菜单中的"调整"命令不同的是，它不会更改原图像中的像素，并且可以随时更改颜色设置。"新建调整图层"子菜单中包括"亮度/对比度"、"色阶"、"曲线"、"色相/饱和度"等命令，所有的修改操作都在新增的"调整"调板中进行。制作完成的富贵牡丹图像效果如图 7-125 所示。

1. 创建调整图层

（1）打开配套素材\Chapter-07\ "牡丹.psd"文件，如图 7-126 所示。

图 7-125　完成效果　　　　　　　　　　图 7-126　素材图像

（2）选择"背景"图层，如图 7-127 所示。选择"图层"|"新建调整图层"|"色相/饱和度"命令，打开"新建图层"对话框，如图 7-128 所示。

图 7-127　选择图层　　　　　　　　　　图 7-128　"新建图层"对话框

（3）单击"确定"按钮，关闭对话框，创建"色相/饱和度 1"调整图层，这时"调整"调板为打开状态，如图 7-129、图 7-130 所示。

图 7-129　创建的调整图层　　　　　　　图 7-130　打开的"调整"调板

（4）参照图 7-131 所示，设置"调整"调板中的参数，调整图像颜色，得到图 7-132 所示效果。

图 7-131　设置参数

图 7-132　调整图像颜色的效果

（5）选择"富贵"图层，按住键盘上 Ctrl 键单击该图层缩览图，将其载入选区，如图 7-133、图 7-134 所示。

图 7-133　选择图层

图 7-134　载入选区

（6）单击"调整"调板中的"创建新的通道混合器调整图层" 按钮，新建"通道混合器 1"调整图层，这时"调整"调板为打开状态，如图 7-135～图 7-137 所示。

图 7-135　单击的按钮

图 7-136　创建调整图层

图 7-137　切换调板

（7）参照图 7-138～图 7-140 所示，在"通道混和器"调板中分别为各通道设置参数。

图 7-138　设置红通道参数

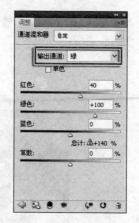
图 7-139　设置绿通道参数

图 7-140　设置蓝通道参数

（8）完成设置后，得到如图 7-141 所示的图像颜色调整效果。

2. 编辑调整图层

（1）双击"自然饱和度 1"图层缩览图，打开"调整"调板，即可设置调板参数，如图 7-142、图 7-143 所示。

图 7-141　图像调整效果

图 7-142　打开"调整"调板

（2）完成设置后，得到图 7-144 所示效果。

图 7-143　设置调板参数

图 7-144　设置自然饱和度后的图像效果

3. 合并调整图层

选择"背景"、"色相/饱和度 1"和"自然饱和度 1" 3 个图层，按快捷键 Ctrl+E 合并图层，如图 7-145、图 7-146 所示。

图 7-145 选择图层

图 7-146 合并调整图层

 在合并调整图层时，不可以只合并调整图层，否则会使调整的效果丢失。

7.10 实例：PS 插画（应用智能对象）

智能对象是包含栅格或矢量图像中图像数据的图层。智能对象会保留图像的原内容及其所有原始特性，从而能够利用它对图层进行非破坏性编辑。

下面将制作如图 7-147 所示的 PS 插画效果，通过此例我们将向大家介绍如何在实际操作中应用智能对象。

1. 创建智能对象

（1）打开配套素材\Chapter-07\"蓝色马赛克.jpg"文件，如图 7-148 所示。

图 7-147 完成效果

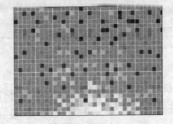

图 7-148 素材图像

（2）选择"文件"|"打开为智能对象"命令，打开配套素材\Chapter-07\"橙色的花.psd"文件，如图 7-149 所示。观察"图层"调板，发现在"橙色的花"图层缩览图中会出现 图标，表示该图层为智能对象，如图 7-150 所示。

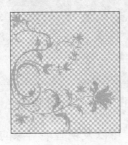

图 7-149 素材图像

图 7-150 "图层"调板

（3）参照图 7-151 所示，复制多个橙色的花图像到"蓝色马赛克.psd"文档中，并调整图像大小与位置，效果如图 7-152 所示。

图 7-151　复制智能对象

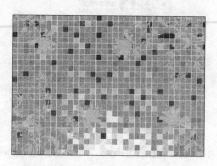

图 7-152　调整图像大小与位置

2. 编辑智能对象

（1）选择"图层"|"智能对象"|"编辑内容"命令，这时会弹出如图 7-153 所示的提示框，单击"确定"按钮，打开"橙色的花.jpg"源文件，如图 7-154 所示。

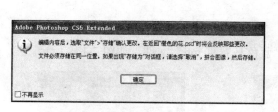

图 7-153　提示框

图 7-154　打开源文件

（2）按快捷键 Ctrl+U，打开"色相/饱和度"对话框，参照图 7-155 所示设置对话框参数，单击"确定"按钮完成设置，调整图像颜色为白色，效果如图 7-156 所示。然后按快捷键 Ctrl+S 将其保存。

图 7-155　"色相/饱和度"对话框

图 7-156　调整图像颜色

（3）切换到"蓝色马赛克.psd"文档中，观察视图，可以发现智能对象的所有图像都发生了变化，如图 7-157、图 7-158 所示。

图 7-157　"图层"调板中的情况

图 7-158　智能对象的所有图像都发生改变

3. 栅格化智能对象

（1）选择"图层"|"智能对象"|"栅格化"命令，可将智能对象转换为普通图层，如图7-159、图 7-160 所示。

图 7-159　选择图层

图 7-160　栅格化图层后

（2）参照图 7-161 所示，配合使用键盘上的 Shift 键选择多个图层，按快捷键 Ctrl+E 合并图层，即将多个智能对象转换为普通图层，如图 7-162 所示。

图 7-161　选择多个图层

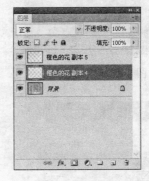

图 7-162　转换为普通图层

（3）打开配套素材\Chapter-07\"PS 文字.psd"文件，如图 7-163 所示。

（4）使用"移动"工具 拖动素材图像到正在编辑的文档中，调整图像位置，得到图7-164 所示效果。

图 7-163　素材图像

图 7-164　添加素材图像

智能对象可以进行缩放、旋转、变形，用户还可以更改智能对象图层的混合模式、不透明度并且可以添加图层样式。智能对象不能进行扭曲、透视等操作；不能直接对智能对象使用颜色调整命令，只能使用调整图层进行调整。

7.11　实例：汽车（内容识别比例）

通过"编辑"菜单中的"内容识别比例"命令，可以在调整图像大小时自动重排图像，在将图像调整为新尺寸时智能保留重要区域，从而方便快捷地制作出完美图像，不必再进行烦琐的裁剪与修饰操作。

下面将通过制作如图 7-165 所示的图像，向大家讲解如何对图像进行内容识别比例缩放。

（1）打开配套素材\Chapter-07\ "汽车.jpg" 文件，并复制"背景"图层为"背景副本"，如图 7-166、图 7-167 所示。

（2）使用"快速选择"工具 将汽车图像选中，如图 7-168 所示。

图 7-165　完成效果

图 7-166　素材图像

图 7-167　复制图像

图 7-168　快速选择汽车图像

（3）单击"通道"调板底部的"创建新通道"  按钮，新建"Alpha 1"通道，并为选区填充白色，如图 7-169、图 7-170 所示。

图 7-169　新建通道　　　　　　　　　图 7-170　为选区填充白色

（4）选择"背景 副本"图层，选择"编辑"|"内容识别比例"命令，在选项栏中的"保护"下拉列表中选择"Alpha 1"选项，设置保护的图像，按键盘上的 Enter 键完成设置，效果如图 7-171 所示。

图 7-171　内容识别比例效果

（5）参照图 7-172 所示，使用"裁剪"工具 裁切图像，完成调整。

图 7-172　裁剪图像

课后练习

1．制作卡通相框，效果如图 7-173 所示。

要求：

（1）准备合适的素材图像。

（2）使用"自定形状"工具  在图像边缘绘制边框。

（3）添加图层样式并更改图层的混合模式。

（4）使用"画笔"工具 绘制虚化效果。

2. 调整灰暗图像的颜色使其变亮，效果如图 7-174 所示。

图 7-173　卡通相框效果　　　　　　　　图 7-174　调整图像颜色

要求：

（1）具备一幅色调较暗的图像。

（2）在"图层"调板中复制图像。

（3）调整副本图像的图层混合模式为"滤色"，然后使用曲线调整。

第 8 课
蒙版和通道

本课知识结构

　　蒙版具有高级选择功能，同时可以调整图像的局部颜色，因此蒙版主要用来保护被遮盖的区域，而使图像的其他部分不受影响。通道是存储不同类型信息的灰度图像，对每一幅所编辑的图像都有着很大的影响，是 Photoshop 必不可少的一项功能。蒙版和通道是两个高级编辑功能，要想完全掌握 Photoshop CS5，必须熟悉通道与蒙版的操作方法。

　　本课讲述蒙版和通道的相关知识，希望读者通过本课的学习，可以对通道与蒙版的概念有一个更为准确的认识，并能够轻松掌握通道与蒙版的操作方法与技巧，在日后的设计创作中运用自如。

就业达标要求

☆　掌握如何利用快速蒙版编辑图像　　　　☆　掌握如何运用矢量蒙版

☆　掌握通道的概念　　　　　　　　　　　☆　掌握如何应用通道

建议课时

　　3 小时

8.1　实例：漂亮的边框（快速蒙版）

　　快速蒙版是一种临时蒙版，使用快速蒙版不会修改图像，只建立图像的选区。用户可以在不使用通道的情况下快速地将选区范围转换为蒙版，然后在快速蒙版编辑模式下进行编辑。当再次切换为标准编辑模式时，未被蒙版遮住的部分变成选区范围。当在快速蒙版模式下工作时，"通道"调板中会出现一个临时快速蒙版通道，但是，所有的蒙版编辑都是在图像窗口中完成的。

　　下面将通过制作漂亮的边框图像向大家讲解快速蒙版的具体应用方法，完成效果如图 8-1所示。

1. 创建快速蒙版

（1）打开配套素材\Chapter-08\ "蛋糕.psd" 文件。配合使用键盘上的 Ctrl 键将 "图层 1"

载入选区，如图 8-2 所示。

图 8-1　完成效果

图 8-2　将素材图像载入选区

（2）选择"选择"|"修改"|"收缩"命令，打开"收缩选区"对话框，如图 8-3 所示，设置"收缩量"参数为 10 像素，单击"确定"按钮完成设置，得到如图 8-4 所示效果。

图 8-3　"收缩选区"对话框

图 8-4　收缩选区

（3）按快捷键 Ctrl+Shfit+I，反转选区，如图 8-5 所示。

（4）保留选区，单击工具箱底部的"以快速蒙版模式编辑" ⊡ 按钮，进入到快速蒙版模式中，如图 8-6 所示。

图 8-5　反转选区

图 8-6　切换到快速蒙版模式

提示

蒙版颜色默认状态下为红色，"透明度"为 50%，通过在"快速蒙版选项"对话框中的设置，可以更改蒙版颜色。在工具箱中双击"以快速蒙版模式编辑" ⊡ 按钮，即可弹出如图 8-7 所示的"快速蒙版选项"对话框。

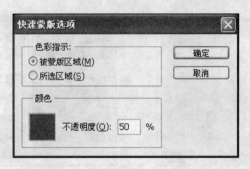

图 8-7　"快速蒙版选项"对话框

- 色彩提示：用来设置在快速蒙版状态下遮罩的显示位置。
- 颜色：用来设置当前快速蒙版的颜色和透明程度，单击颜色图标即可弹出"选择快速蒙版颜色："对话框，选择的颜色就是快速蒙版状态下的蒙版颜色，如图 8-8、图 8-9 所示是蒙版为蓝色的快速蒙版状态。

图 8-8　创建选区

图 8-9　蓝色蒙版

2. 编辑快速蒙版

（1）选择"滤镜"|"扭曲"|"玻璃"命令，打开"玻璃"对话框，参照图 8-10 所示设置对话框参数，单击"确定"按钮完成设置，为图像添加玻璃效果，如图 8-11 所示。

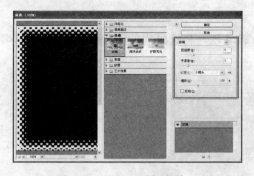

图 8-10　设置对话框参数

图 8-11　添加玻璃滤镜效果

（2）选择"滤镜"|"像素化"|"碎片"命令，为图像应用碎片效果，如图 8-12 所示。

（3）选择"滤镜"|"画笔描边"|"成角的线条"命令，打开"成角的线条"对话框，如图 8-13 所示，设置对话框参数，单击"确定"按钮，关闭对话框，为图像添加滤镜效果，如图 8-14 所示。

图 8-12　添加碎片效果

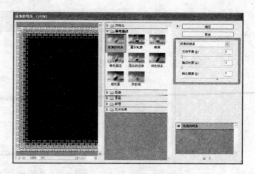

图 8-13　设置对话框参数

3. 退出快速蒙版

（1）完成快速蒙版编辑后，再次单击工具箱底部的"以快速蒙版模式编辑" ⬚ 按钮，返回到标准编辑模式，得到图 8-15 所示选区。

图 8-14　添加滤镜后的效果

图 8-15　选区效果

按住 Alt 键单击"以快速蒙版模式编辑" ⬚ 按钮，可以在不打开"快速蒙版选项"对话框的情况下自动切换"被蒙版区域"和"所选区域"选项，蒙版会根据所选的选项而变化。

（2）选择"图层 1"，按下键盘上的 Delete 键 4 次，将选区内的图像删除，取消选区，效果如图 8-16 所示。

图 8-16　图像效果

8.2　实例：羽毛笔（通道）

通道是一切位图颜色的基础，所有的颜色信息都可以通过通道反映出来，同时还可以保存选区，方便用户随时载入。通道分为 3 种类型：颜色通道、Alpha 通道和专色通道。下面将通过制作图 8-17 所示的羽毛笔实例为大家讲解通道在实际操作中是如何运用的。

1. 新建 Alpha 通道

（1）打开配套素材\Chapter-08\"墨水瓶.psd"文件，如图 8-18 所示。

图 8-17　完成效果　　　　　　　　　图 8-18　素材图像

（2）按住键盘上的 Ctrl 键单击"图层 1"图层缩览图，将其载入选区，如图 8-19 所示。单击"通道"调板底部的"创建新通道"　按钮，新建"Alpha 1"通道，如图 8-20 所示。

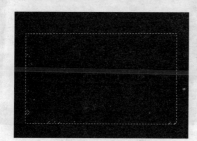

图 8-19　载入选区　　　　　　　　图 8-20　新建通道

 按住 Alt 键在"通道"调板中单击"创建新通道"　按钮，会弹出如图 8-21 所示的"新建通道"对话框，用户可以在该对话框中进行相应的设置后再创建通道。

2. 编辑 Alpha 通道

（1）选择"Alpha"通道，在"Alpha 1"通道中为选区填充白色，取消选区，如图 8-23 所示。

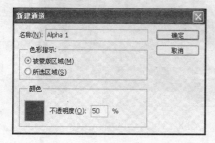

图 8-21　"新建通道"对话框　　　　图 8-22　选择"Alpha"通道

（2）选择"滤镜"|"模糊"|"高斯模糊"命令，打开"高斯模糊"对话框，如图 8-24 所示，设置"半径"参数为 8.0 像素，单击"确定"按钮完成设置，为图像添加高斯模糊效果，如图 8-25 所示。

图 8-23　为选区填充颜色　　　　　　图 8-24　"高斯模糊"对话框

（3）参照图 8-26 所示，选择"移动"工具，在选项栏中勾选"显示变换控件"复选框，调整图像大小与角度，完成设置后，并取消"显示变换控件"复选框的勾选。

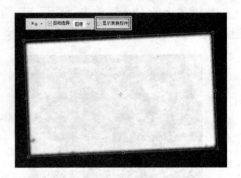

图 8-25　添加高斯模糊的效果　　　　　　图 8-26　调整图像

3. 将 Alpha 通道作为选区载入

（1）单击"通道"调板底部的"将通道作为选区载入"　　　按钮，将通道载入选区。

（2）在"图层 2"下方新建"图层 18"，并为选区填充黑色，如图 8-27、图 8-28 所示。

图 8-27　新建图层　　　　　　图 8-28　为选区填充黑色

（3）为"图层 18"设置"不透明度"参数为 40%，为其添加不透明效果，如图 8-29、图

8-30 所示。

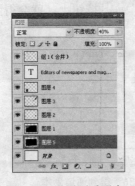

图 8-29　设置不透明度　　　　　图 8-30　设置不透度后的效果

　按住 Ctrl 键单击选择的通道，可以调出通道中的选区，拖动选择的通道到"将通道作为选区载入" ⊙ 按钮上，即可调出选区。

4. 专色通道

（1）按住键盘上的 Ctrl 键单击"组 1（合并）"图层的缩览图，将其载入选区。

（2）单击"通道"调板右上角的 ▼≡ 按钮，在弹出的快捷菜单中选择"新建专色通道"命令，如图 8-31 所示，打开"新建专色通道"对话框，如图 8-32 所示，设置对话框参数。

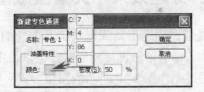

图 8-31　选择命令　　　　　图 8-32　"新建专色通道"对话框

（3）完成设置后，单击"确定"按钮，关闭对话框，新建的通道及图像效果如图 8-33、图 8-34 所示。

图 8-33　新建专色通道　　　　　图 8-34　应用专色通道的效果

5. 复制与删除通道

在"通道"调板中拖动选择的通道到"创建新通道" 🔲 按钮上，就会得到一个该通道的副本，如图 8-35、图 8-36 所示。

图 8-35　拖动通道 1

图 8-36　得到通道副本

在"通道"调板中拖动选择的通道到"删除通道" 🗑 按钮上，就会将当前通道从"通道"调板中删除，如图 8-37、图 8-38 所示。

图 8-37　拖动通道 2

图 8-38　删除通道

8.3　实例：穿越效果（矢量蒙版）

矢量蒙版是通过钢笔工具或形状工具创建的蒙版。矢量蒙版可以在图层上创建锐边形状，当需要添加边缘清晰的设计元素时，可以使用矢量蒙版，从而精确地定义图层的显示和隐藏。下面将通过制作图 8-39 所示的图像，向大家讲解矢量蒙版的具体应用方法。

（1）打开配套素材\Chapter-08\"电视和蜂鸟.psd"文件，如图 8-40 所示。

（2）为方便接下来的绘制，暂时将"图层 2"隐藏。然后使用"钢笔"工具 ✎ 依照电视边缘绘制路径，如图 8-41 所示。

图 8-39　完成效果

图 8-40　素材图像

图 8-41　绘制路径

（3）选择"图层"|"矢量蒙版"|"当前路径"命令，添加路径为矢量蒙版，将路径以外

的图像隐藏，"图层"调板及图像效果分别如图 8-42、图 8-43 所示。

图 8-42　"图层"调板

图 8-43　创建矢量蒙版

（4）显示并选择"图层 2"，为方便接下来的绘制，暂时为"图层 2"设置"不透明度"参数为 50%。参照图 8-44 所示，使用"钢笔"工具 依照图像边缘绘制路径。

（5）选择"图层"|"矢量蒙版"|"当前路径"命令，添加路径为矢量蒙版，得到图 8-45 所示效果。

图 8-44　依图像边缘绘制路径

图 8-45　添加路径为矢量蒙版后的效果

（6）为"图层 2"设置"不透明度"参数为 100%，如图 8-46 所示，效果如图 8-47 所示。

选择"图层"|"栅格化"|"矢量蒙版"命令或在矢量蒙版上右击，在弹出的菜单中选择"栅格化矢量蒙版"命令，都可以使当前图层的矢量蒙版转换为图层蒙版。

图 8-46　设置不透明度参数

图 8-47　图像效果

8.4 实例：蔚蓝的天空（应用图像）

在 Photoshop CS5 中，使用"应用图像"或"计算"命令可以实现令通道中的像素值进行"相加"、"减去"、"相乘"等操作，以使图像混合得更为细致。下面将通过制作如图 8-48 所示的蔚蓝的天空图像，向人家介绍具体的应用方法。

1. 应用图像

（1）打开配套素材\Chapter-08\ "草地.psd" 文件，如图 8-49、图 8-50 所示。

图 8-48　完成效果　　　　　　　　　　　图 8-49　素材图像

（2）选择"背景"图层，选择"图像" | "应用图像"命令，打开"应用图像"对话框，如图 8-51 所示，在"图层"下拉列表中选择"图层 1"，设置混合模式为"变亮"选项，效果如图 8-52 所示。

图 8-50　打开图像后的"图层"调板　　　图 8-51　"应用图像"对话框 1

（3）再次选择"图像" | "应用图像"命令，打开"应用图像"对话框，参照图 8-53 所示在其中设置参数，效果如图 8-54 所示。

图 8-52　应用图像的效果　　　　　　　图 8-53　"应用图像"对话框 2

因为"应用图像"命令是基于像素对像素的方式来处理通道的，所以只有图像的
宽、高和分辨率相同时，才可以为两个图像应用此命令。

2. 计算

使用"计算"命令可以混合两个来自一个或多个源图像的单个通道，从而得到新的图像、
新通道或当前图像的选区。选择"图像"|"计算"命令，会打开"计算"对话框，如图 8-55
所示。

该对话框中的各选项含义如下。

- 通道：用来指定源文件参与计算的通道，在"计算"对话框中的"通道"下拉列表
中不存在复合通道。
- 结果：用来指定计算后出现的结果，包括新建文档、新建通道和选区。选择"新建
文档"选项后，系统会自动生成一个多通道文档；选择"新建通道"选项后，会在
当前文件中新建 Alpha 通道；选择"选区"选项后，会在当前文件中生成选区。

图 8-54　应用图像的效果 2

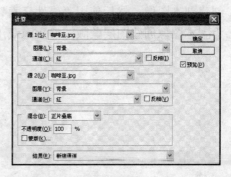
图 8-55　"计算"对话框

课后练习

1. 改变图像颜色，效果如图 8-56 所示。

图 8-56　改变图像颜色的效果

要求：

（1）具备一幅家居图像。

（2）在"通道"调板中选中红通道，然后通过"图像"|"调整"|"曲线"命令调整通道

颜色。

（3）返回"RGB"通道，即可观察到效果。

2. 通过图层蒙版抠取局部图像，效果如图 8-57 所示。

图 8-57 图像抠取效果

要求：

（1）具备一幅主体物体与背景对比鲜明的图像。

（2）创建副本图像，然后使用"磁性套索"工具 在副本上选取局部图像。

（3）为副本图像创建图层蒙版，然后隐藏"背景"图层，即可观察到效果。

第9课
形状和路径

本课知识结构

    形状表现的是绘制的矢量图像，以蒙版的形式出现在"图层"调板中；路径表现的是绘制图形，以轮廓进行显示。虽然两者是有区别的，但是路径和形状的创建都是通过钢笔工具或形状工具实现的，路径和形状是组成图像的基本元素，对于学习 Photoshop 有非常重要的意义。

    本课将向大家讲解路径与形状工具的操作与编辑技巧，希望读者通过本课的学习，可以对形状和路径有一个细致的了解，灵活运用这些工具进行设计创作。

就业达标要求

  ☆ 掌握形状的绘制方法   ☆ 掌握如何调整和编辑路径

  ☆ 掌握路径的绘制方法   ☆ 掌握如何应用路径

建议课时

    3 小时

9.1 实例：古典插画（绘制形状和路径）

    在 Photoshop CS5 中，可以通过相应的工具直接在页面中绘制一些形状，如矩形、椭圆形、多边形等，也可以绘制出只包含轮廓的路径。绘制形状的工具主要包括"矩形"工具 ▢、"圆角矩形"工具 ▢、"椭圆"工具 ⬤、"多边形"工具 ⬤、"直线"工具 ╱、和"自定形状"工具 ✿；而绘制路径的工具主要是指"钢笔"工具 ✐。

    下面就将以本节制作的古典插画实例向大家介绍绘制形状和路径的具体方法与操作，完成效果如图 9-1 所示。

    1. 形状工具组

    （1）选择"文件"|"新建"命令，打开"新建"对话框，参照图 9-2 所示，设置对话框中的各个选项。

    （2）参照图 9-3 所示，使用"渐变"工具 ▢ 为背景添加渐变填充效果。

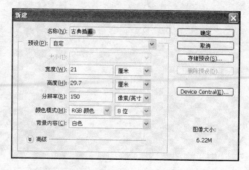

图 9-1　完成效果　　　　图 9-2　"新建"对话框　　　　图 9-3　添加渐变填充效果

（3）设置前景色为黄色（C：6、M：18、Y：97、K：0），使用"圆角矩形"工具 在视图左上角绘制圆角矩形，如图 9-4 所示。

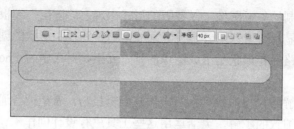

图 9-4　绘制圆角矩形

选项栏中的"半径"选项是用来控制圆角矩形 4 个角的圆滑度的，输入的数值越大，4 个角就越平滑；输入的数值为 0 时，绘制出的圆角矩形就是矩形。

（4）单击选项栏中的"添加形状区域" 按钮，使用"圆角矩形" 工具继续绘制圆角矩形，如图 9-5、图 9-6 所示。

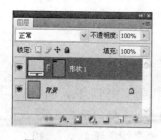

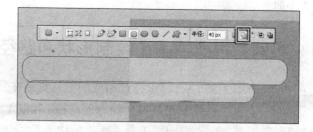

图 9-5　添加形状区域　　　　　　　　　图 9-6　继续绘制图形

（5）单击选项栏中的"从形状区域减去" 按钮，使用"圆角矩形"工具 继续绘制圆角矩形，这时绘制的圆角图形与原图形重叠的部分为镂空效果，如图 9-7 所示。

（6）使用以上步骤相同的方法，继续绘制圆角矩形，如图 9-8、图 9-9 所示。

单击选项栏中的"几何选项" 按钮，会弹出如图 9-10 所示的"圆角矩形选项"面板，用户可以根据需要进行设置，以绘制特定条件下的圆角矩形。

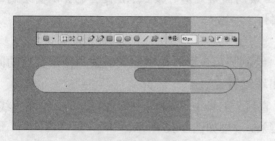

图 9-7 镂空效果 图 9-8 "图层"调板中的情况

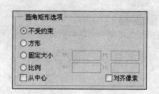

图 9-9 绘制的圆角矩形 图 9-10 "圆角矩形选项"面板

- 不受约束：绘制圆角矩形时不受宽、高限制，可以随意绘制。
- 方形：绘制圆角矩形时会自动绘制出四边相等的圆角矩形。
- 固定大小：选择该单选项后，可以通过在后方的"W"、"H"参数栏中输入的数值来控制绘制的圆角矩形的大小，如图 9-11、图 9-12 所示。

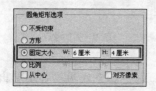

图 9-11 设置"固定大小"参数 图 9-12 对应的圆角矩形

- 比例：选择该单选项后，可以通过在后方的"W"、"H"参数栏中输入预定的圆角矩形长宽比例来控制其大小，如图 9-13、图 9-14 所示。
- 从中心：勾选该复选框，在以后绘制圆角矩形时，会以绘制的矩形的中心点为起点。

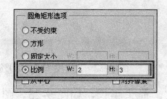

图 9-13 设置"比例"参数 图 9-14 对应比例的圆角矩形

在使用"圆角矩形"工具 绘制圆角矩形时按住 Alt 键，也会以要绘制的圆角矩形的中心点为起点开始绘制。

- 对齐像素：勾选该复选框，绘制圆角矩形时，所绘制的圆角矩形会自动同像素边缘重合，使图形的边缘不会出现锯齿。

（7）设置前景色为黑色，使用"直线"工具 ✏ 在视图中单击并拖动，绘制直线图形，"图层"调板中的情况如图 9-15 所示，绘制效果如图 9-16 所示。

 单击选项栏中的"几何选项" ▾ 按钮，会弹出如图 9-17 所示的"箭头"面板，进行设置后，可以绘制带箭头的指示线。

图 9-15 "图层"调板   图 9-16 绘制直线   图 9-17 "箭头"面板

- 起点：勾选该复选框，在绘制直线时，在起始点出现箭头，如图 9-18 所示。
- 终点：勾选该复选框，在绘制直线时，在终止点出现箭头，如图 9-19 所示。

图 9-18 起点箭头   图 9-19 终点箭头

 如果同时勾选"起点"和"终点"复选框，则会在直线两端都绘制出箭头，如图 9-20 所示。

图 9-20 两端都出现箭头

- 宽度：用来控制箭头的宽窄度，数值越大，箭头越宽，如图 9-21、图 9-22 所示为不同宽度值的箭头。

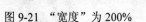

图 9-21 "宽度"为 200%   图 9-22 "宽度"为 350%

- 长度：用来控制箭头的长短，数值越大，箭头越长，如图 9-23、图 9-24 所示为不同长度值的箭头。

图 9-23 "长度"为 200%　　　　图 9-24 "长度"为 1500%

- 凹度：用来控制箭头的凹陷程度。数值为正值时，箭头尾部类似于图 9-25 所示；数值为负值时，箭头尾部类似图 9-26 所示；数值为 0 时，箭头尾部为平齐。

图 9-25 "凹度"为 30%　　　　图 9-26 "凹度"为–30%

（8）选择绘制的所有形状图形，按快捷键 Ctrl+E，将其合并图层。

（9）单击"添加图层样式" *fx.* 按钮，在弹出的快捷菜单中选择"渐变叠加"命令，打开"图层样式"对话框，如图 9-27 所示，设置对话框参数，为图像添加渐变叠加效果。

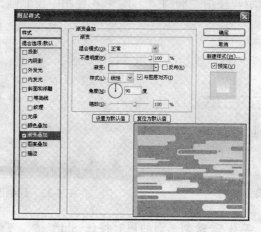

图 9-27 设置渐变叠加效果

（10）选择"自定形状"工具 ，单击选项栏中"形状"选项右侧的·按钮，在弹出的面板中单击"五角形"图标，然后在视图中绘制黄色（C：6、M：18、Y：97、K：0）五角形图形，如图 9-28 所示。

（11）参照图 9-29 所示，使用"自定形状"工具 在视图中绘制黄色（C：6、M：18、Y：97、K：0）枫叶图形。

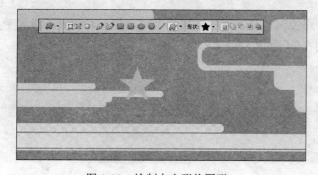 

图 9-28 绘制自定形状图形　　　　图 9-29 绘制枫叶

在使用"自定形状"工具 绘制图案时，按住 Shift 键绘制的图像可按照图像的
大小进行等比例缩放。

（12）使用"矩形"工具 ■在视图底部绘制黑色矩形，如图 9-30 所示。

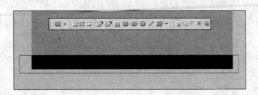

图 9-30　绘制矩形图形

（13）选择"椭圆"工具 ●，单击选项栏中的"几何选项" 按钮，在弹出的面板中选择"圆（绘制直径或半径）"选项，如图 9-31 所示。

（14）参照图 9-32 所示，使用"椭圆"工具 ●在视图中绘制圆。

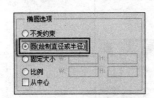

图 9-31　设置选项

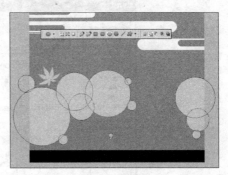

图 9-32　绘制圆

 在使用"椭圆"工具 ●绘制椭圆的同时按住 Shift 键，可绘制正圆形；按住 Alt
键，将会以椭圆的中心点为起点开始绘制；同时按住 Shift+Alt 键，可以绘制以中
心点为起点的正圆。

2. 钢笔工具

（1）选择"钢笔"工具 ，单击选项栏中的"形状图层" 按钮，并选择"添加到形状区域" 按钮，在视图中单击创建第一个锚点，移动鼠标，再次在视图中单击，即可创建直线路径，如图 9-33 所示。

（2）继续绘制路径，需要闭合路径时，移动鼠标到第一个锚点位置，当鼠标指针变为 状态时单击，即可闭合路径，如图 9-34 所示。

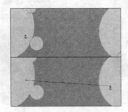

图 9-33　绘制路径

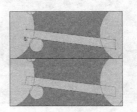

图 9-34　闭合路径

（3）使用"钢笔"工具 ，在视图中单击创建第一个锚点，移动鼠标，再次单击并拖动鼠标，这时会出现两个控制柄，表示绘制的路径为曲线路径，如图 9-35 所示。

（4）继续绘制路径，配合键盘上的 Ctrl 键在视图单击，即可完成对线段路径的绘制，如图 9-36 所示。

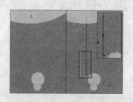

图 9-35　继续绘制路径

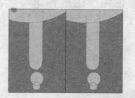

图 9-36　完成路径绘制

（5）选择"钢笔"工具 ，在视图中继续绘制如图 9-37 所示路径，"图层"调板中的状况如图 9-38 所示。

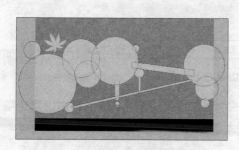

图 9-37　绘制路径

图 9-38　"图层"调板

（6）单击"添加图层样式" fx. 按钮，在弹出的快捷菜单中选择"渐变叠加"命令，打开"图层样式"对话框，如图 9-39 所示，设置对话框参数，为图像添加渐变叠加效果。

（7）打开配套素材\Chapter-09\"塔.psd"文件，如图 9-40 所示。然后使用"移动"工具 拖动素材图像到正在编辑的文档中，调整图像位置，效果如图 9-41 所示。

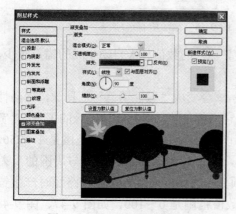

图 9-39　设置渐变叠加参数

图 9-40　素材图像

图 9-41　添加素材图像

3. 自由钢笔工具

使用"自由钢笔"工具 可以随意地在页面中绘制路径,当工具变为"磁性钢笔"工具 时,可以快速沿图像反差较大的像素边缘进行自动描绘。

"自由钢笔"工具 的使用方法较为简单,就像手中拿着画笔在页面中随意绘制一样,如图 9-42 所示;使用"磁性钢笔"绘制路径的效果如图 9-43 所示。

图 9-42　用"自由钢笔"工具绘制路径　　　　图 9-43　用"磁性钢笔"工具绘制路径

选择"自由钢笔"工具 后,选项栏中会显示针对该工具的一些选项设置,如图 9-44 所示。

图 9-44　自由钢笔工具选项栏

单击选项栏中的"几何选项" 按钮,会弹出如图 9-45 所示的"自由钢笔选项"面板,勾选"磁性的"复选框后,面板中呈灰色显示的选项会被激活,如图 9-46 所示。

图 9-45　"自由钢笔选项"面板　　　　图 9-46　激活所有选项

- 曲线拟合:用来控制光标产生路径的灵敏度,输入的数值越大自动生成的锚点越少,路径越简单,输入的数值范围是 0.5～10。

- 磁性的:勾选该复选框,"自由钢笔"工具 会变成"磁性钢笔"工具 ,"磁性钢笔"工具 与"磁性套索"工具 相似,它们都是自动寻找物体边缘的工具。"宽度"选项用来设置磁性钢笔与边之间的距离以区分路径,输入的数值范围是 1～256。"对比"选项用来设置磁性钢笔的灵敏度,数值越大,要求的边缘与周围的反差越大,输入数值的范围是 1%～100%。"频率"选项用来设置在创建路径时产生锚点的多少,数值越大,锚点越多,输入的数值范围是 0～100,如图 9-47、图 9-48 所示。

图 9-47　"频率"为 70 时

图 9-48　"频率"为 100 时

● 钢笔压力：勾选该复选框，可以增加钢笔的压力，此选项适用于数位板。

使用"自由钢笔"工具绘制路径时，松开鼠标即可结束绘制。使用"磁性钢笔"工具绘制路径时，按下 Enter 键可以结束路径的绘制；在最后一个锚点上双击，它可自动与第一个锚点相连封闭路径。

9.2　实例：几何插画（调整和编辑路径）

在 Photoshop CS5 中创建路径后，对其进行相应的编辑也是非常重要的，对路径进行编辑与调整主要体现在选择与移动路径，添加、删除锚点，转换锚点类型等方面。用来编辑路径的工具主要包括"添加锚点"工具、"删除锚点"工具、"转换点"工具、"路径选择"工具和"直接选择"工具。

下面就将以本例制作的几何插画图像为大家讲解调整和编辑路径的方法，完成效果如图 9-49 所示。

1. 选择和移动路径

（1）打开配套素材\Chapter-09\"几何图像.psd"文件，如图 9-50 所示。

图 9-49　完成效果

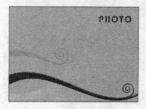
图 9-50　素材图像

（2）参照图 9-51 所示，使用"矩形"工具在视图中绘制路径。

（3）选择"路径选择"工具，在路径上单击，这时将显示路径锚点并显示为实心，表示该路径为选择状态，如图 9-52 所示。

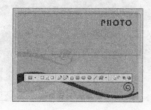
图 9-51　绘制路径

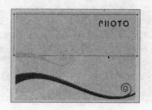
图 9-52　选择路径

（4）接下来在路径上拖动鼠标，即可移动路径，如图 9-53 所示。

2. 添加和删除锚点

（1）选择"添加锚点"工具，移动鼠标到路径上，当鼠标指针变为状态时单击，即可添加锚点，如图 9-54 所示。

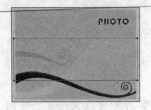

图 9-53　移动路径

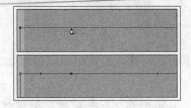

图 9-54　添加锚点

（2）使用"添加锚点"工具继续在路径上单击，添加锚点，如图 9-55 所示。

（3）选择"删除锚点"工具，移动鼠标到需要删除的锚点上，鼠标指针变为状态时单击，即可删除锚点，如图 9-56 所示。

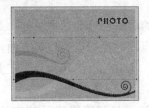

图 9-55　继续添加锚点

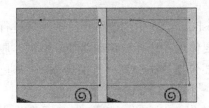

图 9-56　删除锚点

提示

如果当前选择的是"路径选择"工具，按住键盘上 Ctrl 键可切换至"直接选择"工具。

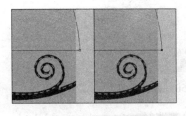

图 9-57　选择锚点

3. 移动锚点

（1）选择"直接选择"工具，在锚点上单击，将选择该锚点，如图 9-57 所示。

（2）在视图中拖动选择的锚点，即可调整锚点位置，如图 9-58 所示。

（3）参照图 9-59 所示，使用"直接选择"工具调整锚点位置，路径也随之发生了变化。

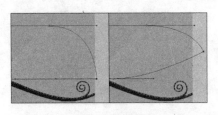

图 9-58　移动锚点

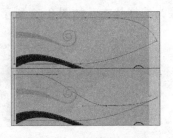

图 9-59　调整锚点位置

4. 转换锚点类型

（1）使用"直接选择"工具 ，选择平滑锚点，被选择的平滑锚点显示相应的控制柄，拖动控制柄，即可调整路径的弧度，如图 9-60 所示。

（2）选择"转换点"工具 ，移动鼠标到锚点上，鼠标指针变为 状态时单击并拖动，即可将其转换为平滑点，如图 9-61 所示。

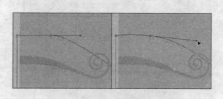

图 9-60　调整路径弧度

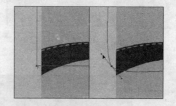

图 9-61　转换为平滑点

（3）参照图 9-62 所示，使用"转换点"工具 拖动控制柄，即可将平滑点转换为角点。

（4）使用以上相同的方法，继续编辑路径，得到图 9-63 所示效果。

图 9-62　转换锚点

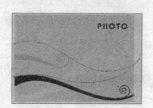

图 9-63　连续编辑路径

（5）按快捷键 Ctrl+Enter，将路径载入选区。然后在新建的图层中为选区填允黄色（C：11、M：10、Y：87、K：0），如图 9-64、图 9-65 所示。

图 9-64　新建图层

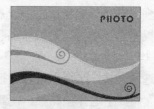

图 9-65　为选区填充颜色

5. 保存工作路径

（1）选择"窗口"|"路径"命令，打开"路径"调板，如图 9-66 所示。

（2）双击"工作路径"路径缩览图，打开"存储路径"对话框，如图 9-67 所示。

（3）单击"确定"按钮，关闭对话框，将该路径储存，如图 9-68 所示。

（4）使用以上相同的方法，继续绘制路径。配合使用上 Ctrl+Enter 组合键，将路径载入选区。然后分别在新建的图层中为选区填充蓝色（C：59、M：0、Y：17、K：0）和红色（C：

22、M：96、Y：62、K：0），效果如图 9-69 所示。

图 9-66 "路径"调板

图 9-67 "存储路径"对话框

图 9-68 存储的路径

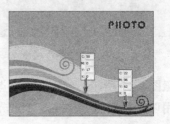

图 9-69 图像效果

6. 复制、删除与隐藏路径

图 9-70 "复制路径"对话框

拖动路径到"路径"调板底部的"创建新路径" 按钮处，就可以得到一个该路径的副本；在"路径"调板中选择一条路径，然后右击，在弹出的菜单中选择"复制路径"命令，会弹出如图 9-70 所示的"复制路径"对话框，用户以根据需要修改路径名称。

 在拖动路径到"路径"调板底部的"创建新路径" 按钮处时，按住 Alt 键，也可以弹出"复制路径"对话框。

拖动路径到"路径"调板底部的"删除当前路径" 按钮处，可以将当前路径删除。在"路径"调板空白处单击，可以将路径隐藏。

7. 变换路径

与图像和选区一样，路径也可以进行旋转、缩放、倾斜和扭曲等变换操作。具体操作时，首先在"路径"调板中选择该路径，使其显示在图像窗口中，然后利用"路径选择"工具 选中路径，此时"编辑"|"自由变换路径"和"变换路径"命令呈激活状态。选择"编辑"|"自由变换路径"命令或按下 Ctrl+T 快捷键以及选择"编辑"|"变换路径"命令都可对路径进行变换操作。

 在执行旋转变换时，应该注意旋转中心的控制，这时只要拖动调节控制框中的十字圆圈即可进行控制。按 Ctrl+Alt+T 快捷键再次进行变换操作，将只改变所选路径的副本，而不影响原路径。

9.3　实例：小猴子（路径的运算）

在 Photoshop 中也可以将多个路径组合在一起，对路径的组合主要使用"添加到路径区域"按钮 、"从路径区域减去"按钮 、"交叉路径区域"按钮 和"重叠路径区域除外"按钮 。

下面将制作一个卡通小猴子图像，通过该实例的制作我们将为读者讲述组合路径的方法，完成效果如图 9-71 所示。

路径运算

（1）打开配套素材\Chapter-09\"小猴子.jpg"文件，如图 9-72 所示。

（2）新建"路径 1"，使用"钢笔"工具 为小猴子绘制头部路径，如图 9-73 所示。

图 9-71　完成效果　　　　　图 9-72　素材图像　　　　　图 9-73　绘制路径

（3）按快捷键 Ctrl+Enter，将路径载入选区。然后在新建的图层中为选区添加渐变填充效果，如图 9-74 所示。

（4）使用以上相同的方法，使用"钢笔"工具 继续绘制小猴子路径，然后分别在新建的图层中为选区设置颜色，如图 9-75、图 9-76 所示。

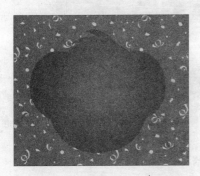

图 9-74　为选区填充渐变色　　　图 9-75　"图层"调板中的情况　　　图 9-76　绘制的图像

（5）新建"路径 2"，选择"椭圆"工具 ，单击"添加到路径区域"按钮 ，使创建的路径添加到重叠路径区域中，在视图中绘制椭圆路径，如图 9-77 所示。

（6）参照图 9-78 所示，使用"直接选择"工具 调整路径形状。

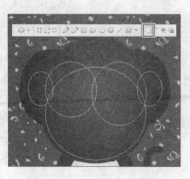

图 9-77　绘制椭圆路径

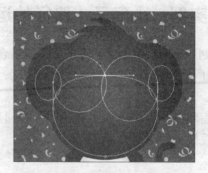

图 9-78　调整路径形状

（7）使用"路径选择"工具 ⬆ 选择绘制的路径，单击选项栏中的"组合"按钮，将路径组合在一起，如图 9-79 所示。

（8）按快捷键 Ctrl+Enter，将路径载入选区。然后在新建的图层中为选区添加渐变填充效果，如图 9-80、图 9-81 所示。

图 9-79　组合路径

图 9-80　"图层"调板中的新图层

图 9-81　为选区填充渐变颜色

（9）参照图 9-82、图 9-83 所示，使用"椭圆"工具 ⬭ 为小猴子绘制眼睛图像。

图 9-82　在"图层"调板中的新图层

图 9-83　绘制眼睛图像

（10）接下来为小猴子绘制耳廓，参照图 9-84 所示，使用"椭圆"工具 ⬭ 绘制椭圆路径。

（11）参照 9-85 所示，使用"路径选择"工具 ⬆ 选择路径，单击"从路径区域减去"按钮 ⬜，将新建的路径从重叠路径区域移去。然后单击选项栏中的"组合"按钮，将其组合。

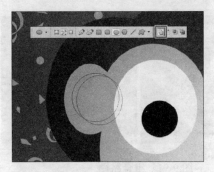

图 9-84 绘制椭圆路径

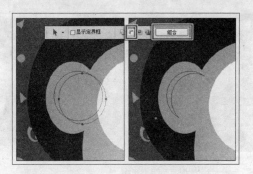

图 9-85 以路径区域减去路径

（12）按快捷键 Ctrl+Enter，将路径载入选区。然后在新建的图层中为选区填充褐色（C：43、M：53、Y：72、K：0），如图 9-86 所示。

（13）使用以上相同的方法，继续为小猴子绘制耳廓和眼框图像，如图 9-87 所示。

图 9-86 为选区设置颜色

图 9-87 继续绘制耳廓和眼眶图像

（14）新建"路径 3"，使用"钢笔"工具 ✐ 为小猴子绘制嘴巴路径。然后在新建的图层中为其填充红色（C：28、M：100、Y：100、K：0），如图 9-88、图 9-89 所示。

图 9-88 新建图层

图 9-89 为小猴子绘制嘴巴

（15）选择"路径 3"，使用"钢笔"工具 ✐ 继续绘制路径，如图 9-90 所示。

（16）使用"路径选择"工具 ➤ 选择路径，单击"交叉路径区域"按钮 ▣，然后单击选项栏中的"组合"按钮，保留路径相交的部分，如图 9-91 所示。

（17）将路径转换为选区，并为其填充白色，如图 9-92 所示。

"重叠路径区域除外"按钮 ▣ 将路径限制为新区域和现有区域相交的区域以外的区域。

图 9-90　绘制路径　　　　　　　　　　图 9-91　组合路径

（18）参照图 9-93 所示为小猴子添加鼻子图像。

图 9-92　为选区设置颜色　　　　　　　图 9-93　绘制鼻子图像

9.4　实例：蝴蝶飞舞（应用路径）

路径的应用是很广泛的，可以用于填充或描边，可以转换为选区。用户也可以将选区转换为路径。下面将制作图 9-94 所示的蝴蝶飞舞图像，通过此例，将向大家介绍关于应用路径的具体操作方法。

1．填充路径

（1）打开配套素材\Chapter-09\"蝴蝶.psd"文件，如图 9-95 所示。

图 9-94　完成效果　　　　　　　　　　图 9-95　素材图像

（2）选择"路径 1"，并使用"路径选择"工具 ，选择部分路径，如图 9-96、图 9-97 所示。

图 9-96　选择"路径 1"　　　　　　　图 9-97　选择部分路径

（3）新建"图层 7"，设置前景色为蓝色（C：92、M：69、Y：14、K：0），单击"路径"调板底部的"用前景色填充路径" 按钮，为路径填充前景色，如图 9-98、图 9-99 所示。

图 9-98　"用前景色填充路径"按钮

图 9-99　用前景色填充路径

（4）为"图层 7"设置混合模式为"线性加深"选项，如图 9-100、图 9-101 所示。

图 9-100　设置混介模式

图 9-101　设置混合模式的效果

按住 Alt 键单击"用前景色填充路径" 按钮，或者单击"路径"调板右上角的 按钮，在弹出的菜单中选择"填充路径"命令，都可弹出如图 9-102 所示的"填充子路径"对话框，用户可在该对话框中进行设置，以填充路径。

2. 描边路径

（1）使用"路径选择"工具 选择路径，如图 9-103 所示。

图 9-102　"填充子路径"对话框

图 9-103　选择路径

（2）选择"画笔"工具 ，参照图 9-104、图 9-105 所示在"画笔"调板中设置画笔样式。

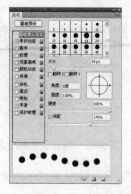

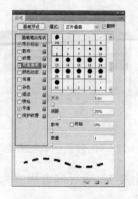

图 9-104　选择画笔　　　　　　　　　图 9-105　设置画笔

（3）新建"图层 8"，设置前景色为黄色（C：6、M：19、Y：88、K：0），单击"路径"调板底部的"用画笔描边路径" 按钮，为路径添加画笔描边效果，如图 9-106、图 9-107 所示。

图 9-106　"用画笔描边路径"按钮　　　　图 9-107　用画笔描边路径

 单击"路径"调板右上角的 按钮，在弹出的快捷菜单中选择"描边路径"命令，打开"描边路径"对话框，如图 9-108 所示，在该对话框中可以选择用来描边的工具。

3. 转换路径和选区

（1）按住键盘上的 Ctrl 键单击"图层 2"图层缩览图，将其载入选区，如图 9-109 所示。

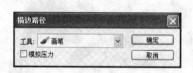

图 9-108　"描边路径"对话框　　　　　图 9-109　载入选区

（2）单击"路径"调板底部的"从选区生成工作路径" 按钮，将选区转换为工作路径，如图 9-110～图 9-112 所示。

图 9-110　"从选区生成路径"按钮

图 9-111　生成的工作路径

（3）参照图 9-113 所示，使用快捷键 Ctrl+T，调整路径大小与位置。

图 9-112　转换为工作路径的效果

图 9-113　调整路径

（4）单击"路径"调板底部的"将路径作为选区载入" 按钮，如图 9-114 所示，将路径转换为选区。

（5）最后在新建的图层中为选区填充蓝色（C：78、M：57、Y：1、K：0），得到图 9-115 所示效果。

图 9-114　"将路径作为选区载入"按钮

图 9-114　为选区填充颜色

4. 剪贴路径

使用"剪贴路径"命令可以分离图像，从而得到透明背景的图像。具体操作时，首先使用"钢笔"工具 沿所需图像的外轮廓绘制路径，并将路径存储，如图 9-116、图 9-117 所示。

图 9-116　在图像中创建路径

图 9-117　存储路径

然后单击"路径"调板右上角的 按钮，在弹出的菜单中选择"剪贴路径"命令，打开

"剪贴路径"对话框，用户可在其中进行设置，如图 9-118 所示。设置完毕后单击"确定"按钮，即完成剪贴路径的创建。

图 9-118 ."剪贴路径"对话框

选择"文件"|"储存为"命令，在打开的"存储为"对话框中选择存储的格式为 Photoshop EPS。单击"保存"按钮，会弹出如图 9-119 所示的"EPS 选项"对话框，用户在该对话框中可设置保存图像的属性，设置完毕后单击"确定"按钮，完成图像的保存。之后在其他软件中导入该图像，例如 Illustrator，会观察到制作的无背景图像，如图 9-120 所示。

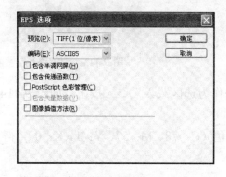

图 9-119 "EPS 选项"对话框

图 9-120 无背景图像

课后练习

1. 选取果盘图像，效果如图 9-121 所示。

图 9-121 选取果盘图像

要求：

（1）具备一幅主体物为果盘的图像。

（2）使用"自由钢笔"工具 ✐ 将果盘图像的轮廓勾画出来。

（3）将路径转换为选区，从而选中该图像。

2. 制作描边植物图像，效果如图 9-122 所示。

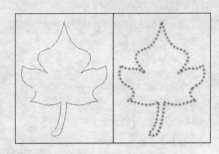

图 9-122　描边植物效果

要求：

（1）使用"钢笔"工具 🖋 或"自定形状"工具 🔧 绘制植物图像路径。

（2）选择"画笔"工具 🖌，在"画笔"调板中设置所需描边的画笔类型及属性。

（3）在"路径"调板中单击"用画笔描边路径" ⚪ 按钮，为路径描边即可。

第 10 课
滤镜效果

本课知识结构

滤镜是 Photoshop CS5 中功能最丰富的工具之一，它产生的复杂的数字化效果来源于摄影技术，它不仅可以在原有图像的基础上产生许多特殊的效果，还可以掩盖图像中的一些缺陷。滤镜通过不同的方式改变像素数据，以达到对图像进行抽象、艺术化的特殊处理效果。

在本课中，编者将带领大家一起来学习有关 Photoshop 滤镜的基础操作，并通过实例来介绍使用滤镜的技巧，希望读者通过本课的学习可以在之后的设计创作中对滤镜应用自如。

就业达标要求

☆ 了解关于滤镜的理论知识   ☆ 掌握各种滤镜相互配合使用的方法

☆ 掌握运用滤镜效果的具体方法

建议课时

3.5 小时

10.1 实例：编辑木质纹理（应用滤镜效果）

图 10-1 完成效果

在了解滤镜处理图像的基本原理和相关基本操作之后，就可以对图像应用相应的滤镜效果了。在本节中，将通过制作"编辑木质纹理"图像实例向大家讲解如何具体对图像应用"杂色"、"模糊"、"素描"、"液化"滤镜或滤镜组，完成效果如图 10-1 所示。

1. 应用"杂色"滤镜

（1）选择"文件"|"新建"命令，新建"13×10"厘米、分辨率为 200 像素/英寸的名为"编辑木质纹理"的文档。

（2）选择"滤镜"|"杂色"|"添加杂色"命令，打开"添加杂色"对话框，参照图 10-2 所示设置对话框参数，单击"确定"按钮完成设置，得到图 10-3 所示效果。

图 10-2　"添加杂色"对话框

图 10-3　应用滤镜的效果

2. 应用"模糊"滤镜

（1）选择"滤镜"|"模糊"|"动感模糊"命令，打开"动感模糊"对话框，参照图 10-4 所示，设置"距离"参数为 999 像素，单击"确定"按钮完成设置，得到如图 10-5 所示效果。

图 10-4　"动感模糊"对话框

图 10-5　应用动感模糊的效果

（2）选择"滤镜"|"模糊"|"高斯模糊"命令，打开"高斯模糊"对话框，参照图 10-6 所示，设置"半径"参数为 5 像素，单击"确定"按钮完成设置，得到如图 10-7 所示效果。

图 10-6　"高斯模糊"对话框

图 10-7　应用高斯模糊的效果

3. 应用"素描"滤镜

（1）选择"滤镜"|"素描"|"铬黄"命令，打开"铬黄"滤镜库，参照图 10-8 所示设置其参数，单击"确定"按钮完成设置，得到如图 10-9 所示效果。

图 10-8　设置滤镜库参数　　　　　　　　图 10-9　应用铬黄滤镜的效果

（2）按快捷键 Ctrl+U，打开"色相/饱和度"对话框，参照图 10-10 所示设置其参数，单击"确定"按钮完成设置，调整图像颜色，效果如图 10-11 所示。

图 10-10　"色相/饱和度"对话框　　　　　　图 10-11　调整图像颜色的效果

4. 应用"液化"命令

（1）选择"滤镜"|"液化"命令，参照图 10-12 所示，对图像进行变形处理。

 在"液化"对话框中，除了使用"缩放"工具 外，在使用其他工具时，按住 Ctrl 键在预览区域单击，也可以放大显示图像。

（2）按快捷键 Ctrl+M，打开"曲线"对话框，参照图 10-13 所示设置曲线参数，调整图像亮度，得到如图 10-14 所示效果。

（3）再次打开"曲线"对话框，继续调整图像亮度，如图 10-15、图 10-16 所示。

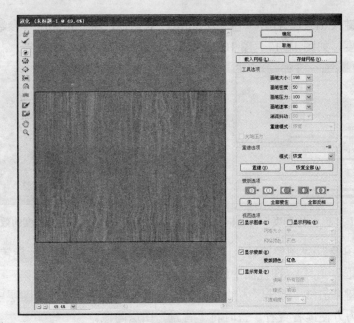

图 10-12　对图像进行变形处理

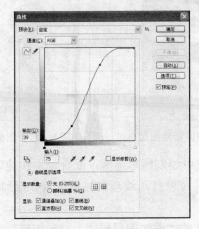

图 10-13　"曲线"对话框

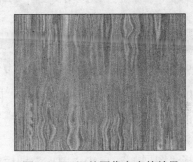

图 10-14　调整图像亮度的效果

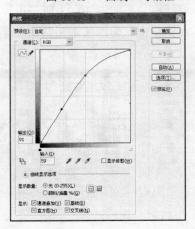

图 10-15　再次打开"曲线"对话框设置参数

图 10-16　继续调整图像亮度

（4）按快捷键 Ctrl+U，打开"色相/饱和度"对话框，将"饱和度"参数栏设置为-32，降低图像的饱和度，如图 10-17、图 10-18 所示。

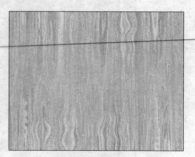

图 10-17 "色相/饱和度"对话框　　　　图 10-18 降低饱和度的效果

（5）选择"图像"|"图像旋转"|"90 度（顺时针）"命令，顺时针旋转画布 90 度，然后使用"矩形选框"工具 在视图中绘制选区，如图 10-19 所示。

（6）按快捷键 Ctrl+J，将选区内的图像，通过拷贝并粘贴到新建的图层中，如图 10-20、图 10-21 所示，为方便读者查看，暂时将"背景"图层隐藏。

图 10-19 绘制矩形选区　　　图 10-20 复制图像新建图层　　　图 10-21 拷贝图像的效果

（7）使用相同的方法，继续在"背景"图层中绘制矩形选区，配合使用快捷键 Ctrl+J，拷贝选区内的图像并粘贴到新建的图层中。这样可以打乱纹理的排列位置，得到如图 10-22 所示的效果。

（8）选择"图层 1"，单击"图层"调板底部的"添加图层样式" 按钮，在弹出的快捷菜单中选择"内阴影"命令，打开"图层样式"对话框，参照图 10-23 所示设置对话框参数，为图像添加内阴影效果。同样在"图层样式"对话框中，为图像添加斜面和浮雕效果，如图 10-24 所示，单击"确定"按钮完成设置。

图 10-22 复制图像　　　图 10-23 设置内阴影效果　　　图 10-24 设置斜面和浮雕效果

（9）使用相同的方法，继续为其他的木板图像添加内阴影、斜面和浮雕效果，使每个单独的木板图像具有立体效果，如图 10-25 所示，配合使用 Ctrl+G 快捷键，将创建的木板图像编组。

（10）单击"调整"调板中"创建新的曲线调整图层" 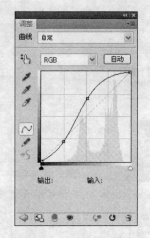按钮，切换到"曲线"调板，参照图 10-26 所示设置曲线，调整图像亮度，得到如图 10-27 所示效果。

图 10-25　添加立体效果　　　图 10-26　设置曲线参数　　　图 10-27　调整图像亮度

（11）在"调整"调板中单击"创建新的色相/饱和度调整图层" 按钮，切换到"色相/饱和度"调板，参照图 10-28 所示设置其参数，调整图像颜色，得到如图 10-29 所示效果。

图 10-28　调整"色相/饱和度"参数　　　图 10-29　调整图像颜色

（12）打开配套素材\Chapter-10\"表.jpg"文件，使用"移动"工具 拖动素材图像到正在编辑的文档中。按快捷键 Ctrl+T，调整图像大小与位置，如图 10-30 所示。

（13）参照图 10-31 所示，使用"魔棒"工具 选取背景图像，形成选区。

（14）按快捷键 Ctrl+Shift+I，反转选区。单击"添加图层蒙版" 按钮，为"图层 8"添加图层蒙版，如图 10-32、图 10-33 所示。

图 10-30　调整素材图像

图 10-31　选取背景图像

图 10-32　添加图层蒙版

图 10-33　添加图层蒙版的效果

（15）参照图 10-34 所示，为图像设置投影效果参数，单击"确定"按钮完成设置，得到如图 10-35 所示效果。

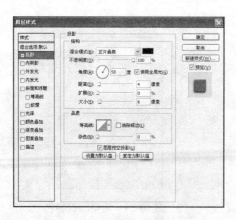

图 10-34　"投影"参数设置

图 10-35　添加投影的效果

（16）配合使用键盘上的 Ctrl 键单击"图层 8"图层缩览图，将其载入选区。然后使用"矩形选框"工具 在视图中修剪选区，得到表图像的选区，如图 10-36 所示。

（17）保留选区，单击"调整"调板中的"创建新的曲线调整图层" 按钮，切换到"曲线"调板，参照图 10-37 所示设置曲线参数，调整图像亮度，得到如图 10-38 所示效果。

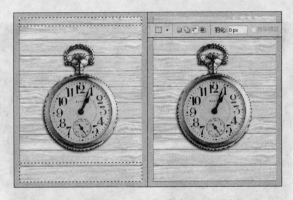

图 10-36　修剪选区

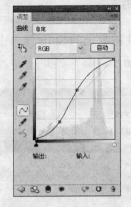

图 10-37　"曲线"调板

图 10-38　调整图像亮度

10.2　实例：美化肌肤（应用高斯模糊效果）

高斯模糊滤镜用于平滑边缘过于清晰和对比度过于强烈的区域，通过降低对比度柔化图像边缘。下面将通过制作美化肌肤图像实例向读者介绍如何具体应用高斯模糊效果，完成效果如图 10-39 所示。

（1）打开配套素材\Chapter-10\ "女性头像.jpg"文件，然后复制"背景"图层为"背景副本"，如图 10-40、图 10-41 所示。

图 10-39　完成效果

图 10-40　素材图像

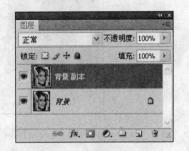

图 10-41　复制素材图像

（2）参照图 10-42 所示，使用"污点修复画笔"工具 将人物面部的雀斑去除。

图 10-42 去除面部的雀斑

（3）复制"背景副本"图层为"背景副本 2"，按住键盘上的 Shift 键单击"创建新组"  按钮，新建"组 1"图层组，如图 10-43、图 10-44 所示。

图 10-43　复制图层　　　　　　　　　图 10-44　创建新组

（4）选择"背景副本 2"图层，选择"滤镜"|"模糊"|"高斯模糊"命令，打开"高斯模糊"对话框，如图 10-45 所示，设置"半径"参数为 5.0 像素，单击"确定"按钮完成设置，为图像添加高斯模糊效果，如图 10-46 所示。

图 10-45　"高斯模糊"对话框　　　　图 10-46　应用高斯模糊效果

（5）参照图 10-47 所示，为"背景副本 2"图层设置"不透明度"参数为 40%，以设置图像的总体不透明度，得到如图 10-48 所示效果。

图 10-47 设置不透明度　　　图 10-48 设置不透明度的效果

（6）单击"调整"调板中的"创建新的曲线调整图层" 按钮，切换到"曲线"调板，参照图 10-49 所示设置曲线，调整图像亮度，得到如图 10-50 所示效果。

图 10-49 设置曲线　　　图 10-50 调整图像亮度的效果

（7）同样在"调整"调板中，单击"创建新的色相/饱和度调整图层" 按钮，切换到"色相/饱和度"调板，参照图 10-51、图 10-52 所示设置其参数，调整图像颜色，得到如图 10-53 所示效果。

图 10-51 设置全图　　图 10-52 设置红通道颜色　　图 10-53 调整图像颜色后的效果

（8）参照图 10-54 所示，为"组 1"图层组添加图层蒙版，并使用"画笔"工具 擦除人物五官部位的图像，将部分图像隐藏，修饰后的图像效果如图 10-55 所示。

图 10-54　添加图层蒙版　　　　　　　　图 10-55　修饰图像后的效果

10.3　实例：制作个性照片（应用彩色半调滤镜）

彩色半调滤镜会使图像看上去好像是由大量半色调点构成的，其工作原理是：Photoshop 将图像划分为矩形栅格，然后将像素填入每个矩形栅格中模仿半色调点。下面将通过本节制作的个性照片实例，向大家讲解如何应用彩色半调滤镜，图像完成效果如图 10-56 所示。

（1）打开配套素材\Chapter-10\ "人物素材.jpg" 文件，然后复制 "背景" 图层为 "背景副本"，如图 10-57、图 10-58 所示。

图 10-56　完成效果　　　　　　　　　图 10-57　素材图像

（2）按快捷键 Ctrl+Alt+C，打开 "画布大小" 对话框，参照图 10-59 所示设置参数，调整画布大小，并为背景填充绿色（C：85、M：40、Y：62、K：1），效果如图 10-60 所示。

图 10-58　复制图层　　　　　　　　　图 10-59　调整画布大小

（3）选择 "图像" | "调整" | "阴影/高光" 命令，打开 "阴影/高光" 对话框，如图 10-61 所示，单击 "确定" 按钮完成设置，调整图像亮度，效果如图 10-62 所示。

图 10-60　为背景填充颜色

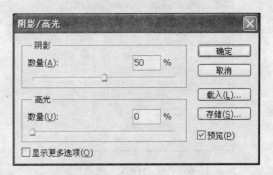

图 10-61　"阴影/高光"对话框

（4）新建"路径 1"，使用"圆角矩形"工具 在视图中绘制路径，并调整路径旋转角度，如图 10-63 所示。

图 10-62　调整图像亮度的效果

图 10-63　绘制并调整路径

（5）按快捷键 Ctrl+Enter，将路径转换为选区。

（6）选择"背景副本"图层，单击"添加图层蒙版" 按钮，为该图层添加图层蒙版，如图 10-64、图 10-65 所示。

图 10-64　添加图层蒙版

图 10-65　添加蒙版的效果

（7）单击"添加图层样式" 按钮，在弹出的快捷菜单中选择"外发光"命令，打开"图层样式"对话框，参照图 10-66 所示设置对话框参数，为图像添加外发光效果，如图 10-67 所示。

图 10-66 "图层样式"对话框

图 10-67 添加外发光效果

（8）按住键盘上的 Ctrl 键单击"背景副本"图层蒙版缩览图，将其载入选区。单击"调整"调板中的"创建新的曲线调整图层"按钮，切换到"曲线"调板，参照图 10-68 所示设置曲线，调整图像亮度，得到如图 10-69 所示效果。

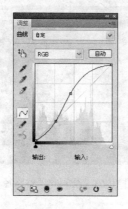

图 10-68 设置曲线

图 10-69 调整图像亮度的效果

（9）单击"图层"调板底部的"创建新的填充或调整图层"按钮，在弹出的快捷菜单中选择"渐变"命令，打开"渐变填充"对话框，参照图 10-70 所示设置参数，单击"确定"按钮，关闭对话框，为图像添加渐变填充效果，如图 10-71 所示。

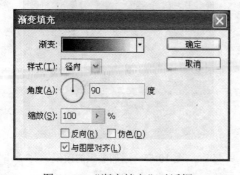

图 10-70 "渐变填充"对话框

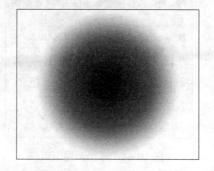

图 10-71 添加渐变填充效果

（10）右击"渐变填充 1"图层右侧空白处，在弹出的快捷菜单中选择"栅格化图层"命令，将调整图层转换为普通图层，并将该图层的图层蒙版删除，如图 10-72、图 10-73 所示。

图 10-72　栅格化图层

图 10-73　删除图层蒙版

（11）参照图 10-74、图 10-75 所示，使用"画笔"工具 在视图中绘制细节图像。

图 10-74　"图层"调板

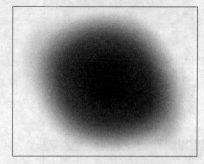

图 10-75　绘制细节图像

（12）选择"滤镜"|"像素化"|"彩色半调"命令，打开"彩色半调"对话框，参照图 10-76 所示设置参数，单击"确定"按钮完成设置，为图像应用滤镜效果，如图 10-77 所示。

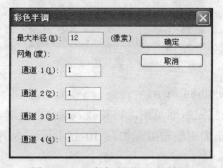

图 10-76　"彩色半调"对话框

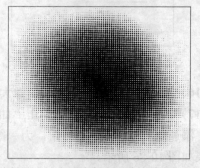

图 10-77　应用彩色半调滤镜的效果

（13）选择"选择"|"色彩范围"命令，打开"色彩范围"对话框，如图 10-78 所示，设置"颜色容差"参数为 200，并使用"添加到取样" 工具在视图中单击白色区域，再单击"确定"按钮完成设置，得到如图 10-79 所示选区。

（14）按快捷键 Ctrl+Shift+I，反转选区，然后按快捷键 Ctrl+J，将选区内的图像拷贝并粘贴到新建的图层中，并删除"渐变填充 1"图层，如图 10-80、图 10-81 所示。

（15）选择"图像"|"调整"|"色相/饱和度"命令，打开"色相/饱和度"对话框，如图 10-82 所示，设置对话框参数，调整图像颜色，效果如图 10-83 所示。

图 10-78 "色彩范围"对话框

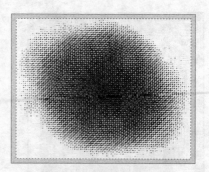

图 10-79 选区效果

图 10-80 删除图层

图 10-81 拷贝图像的效果

图 10-82 "色相/饱和度"对话框

图 10-83 调整图像颜色

（16）按快捷键 Ctrl+T，调整图像大小，如图 10-84 所示。

（17）按住键盘上的 Ctrl 键单击"曲线 1"图层蒙版缩览图，将其载入选区。反转选区，单击"添加图层蒙版" 按钮，为"图层 1"添加图层蒙版，如图 10-85 所示，应用蒙版的效果如图 10-86 所示。

图 10-84 调整图像大小

图 10-85 添加图层蒙版

（18）按住键盘上的 **Ctrl** 键单击"曲线 1"图层蒙版缩览图，将其载入选区。选择"选择"|"变换选区"命令，调整选区大小，如图 10-87 所示。

图 10-86 应用蒙版的效果

图 10-87 调整选区大小

（19）保留选区，使用 **Ctrl+Shift** 快捷键单击"图层 1"图层蒙版缩览图，并按快捷键 **Ctrl+Shift+I**，反转选区，得到如图 10-88 所示效果。

图 10-88 得到的效果

（20）按快捷键 **Ctrl+J**，将选区内的图像复制并粘贴到新建的图层中，如图 10-89、图 10-90 所示。

图 10-89 新建图层

图 10-90 拷贝的图像

（21）单击"添加图层样式" fx. 按钮，在弹出的快捷菜单中选择"渐变叠加"命令，打开"图层样式"对话框，参照图 10-91 所示设置参数，单击"确定"按钮完成设置，为图像添加渐变叠加效果。

（22）参照图 10-92 所示，使用"橡皮擦"工具 ✎ 擦除嘴角区域的部分图像。

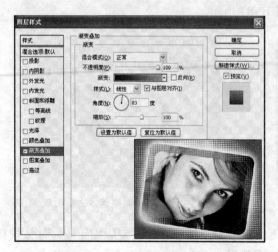

图 10-91　添加渐变叠加参数　　　　　　　　　图 10-92　擦除嘴角图像

（23）打开配套素材\Chapter-10\"纹理.jpg"文件，如图 10-93 所示。然后使用"魔棒"工具 ✎ 选取黑色区域，并拖动选区内的图像到正在编辑的文档中。

图 10-93　素材图像

（24）参照图 10-94 所示，配合快捷键 Ctrl+T，调整拖入的图像的大小与位置。

（25）选择"图像"|"调整"|"色相/饱和度"命令，打开"色相/饱和度"对话框，如图 10-95 所示，设置对话框参数，调整图像颜色，效果如图 10-96 所示。

图 10-94　调整黑色图像的大小和位置　　　　图 10-95　"色相/饱和度"对话框

（26）打开配套素材\Chapter-10\"背景纹理.jpg"文件，如图 10-97 所示。然后拖动素材图像到正在编辑的文档中。

图 10-96　调整图像颜色

图 10-97　素材图像

（27）参照图 10-98、图 10-99 所示，使用键盘上 Alt 键复制"图层 4"为"图层 4 副本"，并调整图像大小与位置，制作背景效果。

图 10-98　复制图层

图 10-99　调整图像

（28）按快捷键 Ctrl+E，将图层合并。然后为"图层 4"设置混合模式为"正片叠底"选项，并设置"不透明度"参数为 30%，如图 10-100 所示，效果如图 10-101 所示。

图 10-100　合并图层

图 10-101　设置混合模式后的效果

（29）选择"图层 2"，单击"调整"调板中"创建新的曲线调整图层" ![按钮] 按钮，切换到"曲线"调板，参照图 10-102 所示设置曲线，调整图像亮度，得到如图 10-103 所示效果。

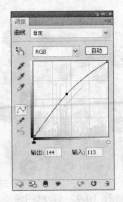

图 10-102　设置曲线参数

图 10-103　调整图像亮度

10.4　实例：制作错位字效（应用置换滤镜命令）

接下来要制作的是错位马赛克文字效果，其中要使用【置换】滤镜命令添加纹理，需要注意的是，置换的目标文件与源文件相同，所以在执行【置换】滤镜命令之前不能随意保存该文件，否则将无法制作出该效果。图像完成效果如图 10-104 所示。

（1）新建文档，设置前景色与背景色为默认的黑色和白色。执行"滤镜"|"渲染"|"云彩"命令，得到不规则纹理图像，如图 10-105 所示。

图 10-104　完成效果

图 10-105　不规则纹理图像

（2）接着执行"滤镜"|"像素化"|"马赛克"命令，打开"马赛克"对话框，设置"单元格大小"选项为 65 方形，如图 10-106 所示。

图 10-106　添加马赛克效果

（3）执行"图像"|"调整"|"色阶"命令，打开"色阶"对话框，设置参数，如图 10-107 所示，增强图像颜色对比度。

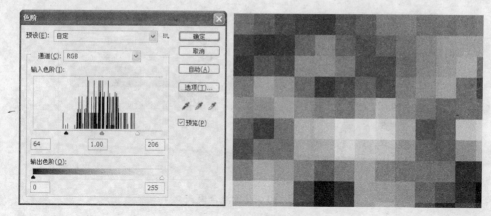

图 10-107　调整图像颜色对比度

（4）将当前文件保存为"错位字效.psd"文件。复制背景图层后，将背景图层填充为白色，并且输入字母，整体大小与文档大小相似，如图 10-108 所示。

图 10-108　输入字母

（5）将文本与背景图层合并后，执行"滤镜"|"扭曲"|"置换"命令，打开"置换"对话框，设置参数后，单击"确定"按钮。再选择保存的 PSD 文件，如图 10-109 所示。

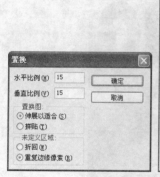

图 10-109　使用"置换"命令

（6）选择"背景副本"图层，并且将该图层的"混合模式"设置为正片叠底，如图 10-110 所示。

图 10-110 设置混合模式

（7）复制"背景副本"图层为"背景副本 2"图层，并且在该图层中执行"滤镜"|"风格化"|"查找边缘"命令，如图 10-111 所示。

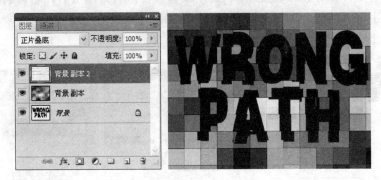

图 10-111 添加滤镜

（8）单击"创建新的填充或调整图层" 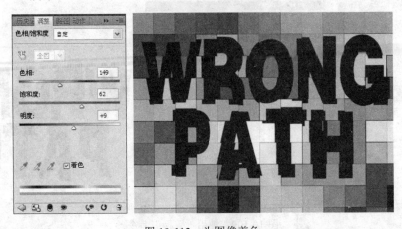 按钮，从弹出的菜单中选择"色相/饱和度"命令，添加"色相/饱和度 1"调整图层，打开"色相/饱和度"调板，设置参数，为图像着色，如图 10-112 所示。

图 10-112 为图像着色

（9）在"背景"图层中选中黑色的错位文字，添加"色相/饱和度 2"调整图层，并在"色相/饱和度"调板中设置相关参数，为文字添加颜色，如图 10-113 所示。

图 10-113　为文字添加颜色

10.5　实例：制作油画纹理效果（应用智能滤镜功能）

在 Photoshop CS5 中，智能滤镜可以在不破环图像本身像素的前提下为图层添加滤镜效果。"图层"调板中的普通图层应用滤镜后，原来的图像将会被取代，"图层"调板中的智能对象可以直接将滤镜添加到图像中，但是不破坏图像本身的像素。下面将通过本节制作的油画纹理效果图像实例，向大家讲解如何应用智能滤镜编辑图像，完成效果如图 10-114 所示。

图 10-114　完成效果

（1）打开配套素材\Chapter-10\"帆船.jpg"文件，然后复制"背景"图层为"背景副本"，如图 10-115 所示。

（2）单击"图层"调板右上角的 ▼ 按钮，在弹出的菜单中选择"转换为智能对象"命令，将"背景副本"图层中的图像转换为智能对象，如图 10-116 所示。

图 10-115　素材文件及复制图层

图 10-116　转换为智能对象

（3）选择"滤镜"|"艺术效果"|"绘画涂抹"命令，打开"绘画涂抹"对话框，参照图 10-117 所示在该对话框中进行设置，单击"确定"按钮后，为图像添加绘画涂抹效果。

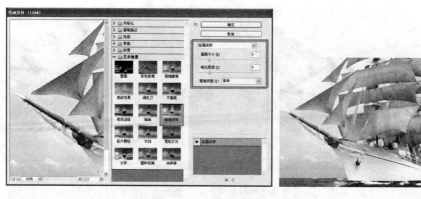

图 10-117　为图像添加绘画涂抹效果

（4）双击"图层"调板中"绘画涂抹"滤镜层的"双击以编辑滤镜混合选项" 按钮，打开"混合选项（绘画涂抹）"对话框，参照图 10-118 所示进行设置，单击"确定"按钮，添加混合效果。

图 10-118　为滤镜添加混合效果

（5）选择"滤镜"|"艺术效果"|"干画笔"命令，打开"干画笔"对话框，参照图 10-119 所示在该对话框中设置参数，然后单击"确定"按钮，为图像添加干画笔效果。

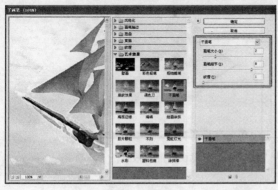

图 10-119　为图像添加干画笔效果

（6）双击"图层"调板中"干画笔"滤镜层的"双击以编辑滤镜混合选项" 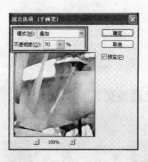 按钮，打开"混合选项（干画笔）"对话框，参照图 10-120 所示进行设置，单击"确定"按钮，添加混合效果。

图 10-120　为"干画笔"滤镜添加混合效果

（7）选择"滤镜"|"纹理"|"纹理化"命令，打开"纹理化"对话框，参照图 10-121 所示在该对话框中设置参数，然后单击"确定"按钮，为图像添加纹理化效果。

（8）双击"图层"调板中"纹理化"滤镜层的"双击以编辑滤镜混合选项" 按钮，打开"混合选项（纹理化）"对话框，参照图 10-122 所示进行设置，单击"确定"按钮，添加混合效果。

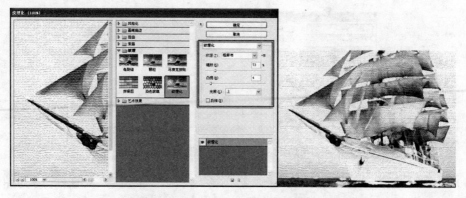

图 10-121　为图像添加纹理化效果

图 10-122　为"纹理化"滤镜设置混合效果

课后练习

1. 制作布艺效果，效果如图 10-123 所示。

要求：

（1）具备一幅素材图像。

（2）利用"纹理化"滤镜制作出布艺效果。

2. 制作强光照耀效果，效果如图 10-124 所示。

要求：

（1）具备一幅水果图像。

（2）利用"扩散亮光"滤镜为图像添加强光照耀效果。

图 10-123　制作布艺效果　　　　　图 10-124　强光照耀效果

第 11 课
动作和任务自动化

本课知识结构

    Photoshop 中的动作和任务自动化功能，可以将烦琐的操作步骤融合在一个命令中，是提高工作效率和简化劳动强度的一项非常实用的功能。只要执行相应的动作或者命令，Photoshop 会自动完成工作，这样就会节省用户大量的时间。本章将对动作和任务自动化操作的知识进行具体讲解。

就业达标要求

    ☆ 掌握如何使用动作   ☆ 掌握如何使用批处理功能

    ☆ 掌握如何实现任务自动化   ☆ 掌握 Photomerge 功能

建议课时

    2 小时

11.1　实例：字效（使用动作）

    需要重复执行的 Photoshop 任务都可以作为动作记录下来，创建新动作时，Photoshop 会记录所采用的每一个步骤，包括图像大小的变动、颜色调整和改变对话框设置等。但是 Photoshop 不会记录所有内容，有些菜单命令是无法被记录的，如使用"页面设置"命令创建一个动作，这个步骤就不会记录下来，只能使用"动作"调板弹出菜单的"插入菜单项目"命令，将该步骤插入到"动作"调板中。

    下面将通过制作图 11-1 所示的字效实例，向大家讲解"动作"调板的具体使用方法。

    1. 录制与播放动作

    （1）打开配套素材\Chapter-11\"文字.psd"文件，如图 11-2 所示。

    （2）选择"窗口"|"动作"命令，打开"动作"调板。

    （3）选择"have"图层，参照图 11-3 所示，单击"动作"调板底部的"创建新动作" 🔲 按钮，打开"新建动作"对话框，如图 11-4 所示，设置对话框参数。

图 11-1　完成效果

图 11-2　素材图像

图 11-3　"动作"调板

图 11-4　"新建动作"对话框

（4）完成设置后，单击"确定"按钮，关闭对话框，新建"水晶文字"动作，即可开始动作记录，如图 11-5 所示。

（5）参照图 11-6～图 11-9 所示，在"图层样式"对话框中分别设置投影、内投影、内发光效果的参数。

图 11-5　新建"水晶文字"动作

图 11-6　设置投影效果

（6）然后为图层设置"渐变叠加"效果，如图 11-9 所示。完成设置后，单击"确定"按钮，关闭对话框，为图像添加图层样式，"图层"调板中的状态如图 11-10 所示，图像效果如

图 11-11 所示。

图 11-7　设置内阴影效果

图 11-8　设置内发光效果

图 11-9　设置渐变叠加效果

图 11-10　"图层"调板

（7）完成样式的设置，即完成动作的设置，单击"动作"调板底部的"停止播放/记录"按钮，完成动作的录制，如图 11-12 所示。

图 11-11　应用图层样式的效果

图 11-12　完成动作的录制

（8）选择"in"图层，保持"动作"调板内"水晶文字"动作为选定状态，单击"动作"调板底部的"播放选定的动作" 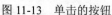 按钮，为图形添加图层样式，如图 11-13 和图 11-14 所示。

图 11-13　单击的按钮

图 11-14　添加图层样式后的图形

 "动作"调板不能记录所有的鼠标移动。例如，不能记录用画笔工具以及铅笔工具等描绘的动作。不过"动作"调板可以记录用文字工具输入的内容、用直线工具绘制的图形以及用油漆桶工具执行的填充。

2. 修改动作

（1）参照图 11-15 所示，双击"水晶文字"动作下录制的动作，打开"图层样式"对话框，参照图 11-16、图 11-17 所示，设置对话框中的参数。

图 11-15　双击动作

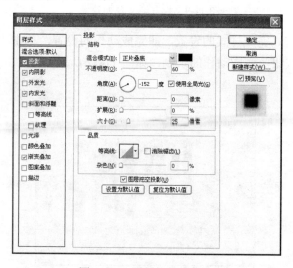

图 11-16　设置投影效果

（2）完成设置后，单击"确定"按钮，关闭对话框，编辑动作的同时，当前图层的效果也会改变，如图 11-18 所示。

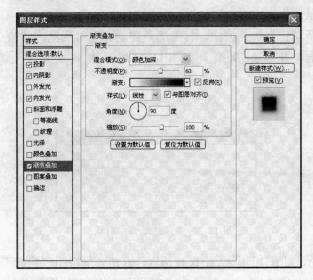

图 11-17　设置渐变叠加效果

图 11-18　改变的图层效果

（3）选择"faith"图层，单击"动作"调板底部的"播放当前的动作"　　按钮，这时会打开"图层样式"对话框，单击"确定"按钮，关闭对话框，为图像添加图层样式，如图 11-19、图 11-20 所示。

图 11-19　单击的按钮

图 11-20　应用动作为图像添加图层样式

11.2　实例：批量改动照片的尺寸（使用批处理功能）

批处理就是将一个指定的动作应用于某文件夹下的所有图像。例如，将某个文件夹下的所有图像文件全部转换为指定大小或图像格式，操作方法是在"批处理"对话框中选择动作和动作所在的序列。

下面将通过调整多张照片尺寸的操作，来详细讲解批处理功能的使用方法。

1．录制动作

（1）打开配套素材\Chapter-11\"风景图"\"01.jpg"文件，如图 11-21 所示。

（2）在"动作"调板中单击"创建新动作" 按钮，打开"新建动作"对话框，修改名称后，单击"记录"按钮，关闭对话框，开始录制动作，如图 11-22 所示。

图 11-21　素材文件

图 11-22　"新建动作"对话框

（3）选择"图像"|"图像大小"命令，打开"图像大小"对话框，取消"重定图像像素"复选框的选择，并将"分辨率"设置为 300 像素/英寸，如图 11-23 所示，关闭对话框。

（4）将打开的图像素材保存并关闭，单击"动作"调板底部的"停止播放/记录" 按钮，完成动作的录制。

2．执行批处理任务

（1）执行"文件"|"自动"|"批处理"命令，打开如图 11-24 所示的对话框。

图 11-23　"图像大小"对话框

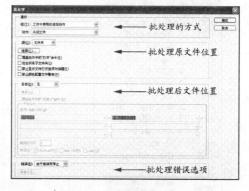

图 11-24　"批处理"对话框

当刚刚录制完一个动作后打开"批处理"对话框，批处理工作默认为刚刚录制的任务。

（2）在"批处理"对话框中，单击"源"选项组下的"选择"按钮，从弹出的菜单中找到需要批量处理图像的文件，如图 11-25 所示。

（3）设置完毕后单击"确定"按钮，关闭对话框，软件会自动打开指定文件夹内的图像，修改分辨率、保存并关闭图像文件。

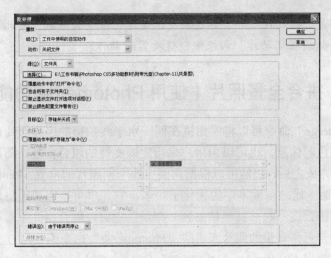

图 11-25　找到文件

 当对文件进行批处理时，可以打开、关闭所有文件并存储对原文件的更改，或者将修改后的文件版本存储到新的位置，这样原始版本保持不变。如果要将处理过的文件存储到新位置，则应该在开始批处理前先为处理过的文件创建一个新文件夹。

3. 创建快捷批处理

在 Photoshop 未启动的情况下，也可以进行批处理操作，前提是要创建快捷批处理程序。

创建快捷批处理程序，首先执行"文件"|"自动"|"创建快捷批处理"命令，打开如图 11-26 所示的对话框。单击"将快捷批处理存储于"选项组中的"选择"按钮，指定存储的位置，其余的参数与"批处理"对话框中的参数非常相似，在此不再重复讲述。设置完毕后关闭对话框。当需要使用该功能时，将带有图片的文件夹或图片直接拖动到创建的快捷批处理程序图标上，将自动运行 Photoshop，并且使用创建快捷批处理时的自动动作对图像进行处理。

图 11-26　"创建快捷批处理"对话框

> **提示** 由于动作是"批处理"和"创建快捷批处理"命令的基础,因此在创建快捷批处理之前,必须在"动作"调板中创建所需的动作。

11.3　实例:拼合全景照片(使用 Photomerge 功能)

使用"Photomerge"命令可以将照相机在同一水平线拍摄的序列照片进行合成,该命令能自动重叠相同的色彩像素,也可以由用户来指定源文件的组合位置,随后系统会自动汇集为全景图。全景图完成之后,仍然可以根据需要更改个别照片的位置。Photoshop CS5 版本中的"Photomerge"命令比之前版本中的优化了很多,它几乎可以完美地将多张相同景物在不同位置拍摄的照片拼合在一起,甚至精细到一些线条也可以拼合得几乎看不出来。

下面将通过拼合三张鸟巢的照片来讲解"Photomerge"命令的使用方法。

(1)打开配套素材\Chapter-11\"DSC05501~DSC05503.jpg"文件,如图 11-27 所示。因为被摄景物很大,所以分三次拍摄下来,以方便后期拼合制作。

图 11-27　原始照片

(2)选择"文件"|"自动"|"Photomerge"命令,打开"Photomerge"对话框,首先单击"添加打开的文件"按钮,将已经打开的三张照片图像添加到对话框中,然后单击左侧的"调整位置"单选钮,如图 11-28 所示。

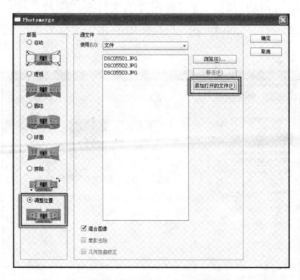

图 11-28　"Photomerge"对话框

(3)设置完毕后单击"确定"按钮,关闭对话框,软件会自动对每张照片进行检测和处理，并自动生成一张新的拼合图片"未标题_全景图 1"文档，如图 11-29 所示。

图 11-29　自动拼合照片

（4）新建图层，选择工具箱中的"仿制图章" 工具，参照图 11-30 中选项栏的设置，在天空上取样，在新文档的天空位置进行编辑，将左右两侧的空白填补。

图 11-30　使用"仿制图章"工具修复图像

（5）选择工具箱中的"裁剪"工具对图像进行裁切操作，将左下侧的空白部分裁切掉，效果如图 11-31 所示。

图 11-31　裁切图像

提示　在"Photomerge"对话框中不能打开没有合并图层的图像文件。

课后练习

1. 创建马赛克效果，如图 11-32 所示。

要求：

（1）在"动作"调板中单击"创建新动作"按钮，新建名称为"马赛克"的新动作。

（2）利用"马赛克"滤镜为图像添加马赛克效果，然后单击"确定"按钮，完成动作录制。

图 11-32　马赛克效果

（3）再打开一幅图像，在"动作"调板中单击"播放选定的动作"　▶　按钮，为该图像自动创建马赛克效果。

2．为图像添加装饰文字，效果如图 11-33 所示。

图 11-33　添加装饰文字

要求：

（1）新建一个文档，在"动作"调板中新建一个动作。

（2）输入文字，设置图层样式，然后停止动作录制。

（3）打开一幅与文字含义相符合的图像，设置与所创建文档相同的分辨率。

（4）播放选定的动作，自动创建为图像设置好的文字效果。

第 12 课

制作网页图像、动画和 3D 文件

本课知识结构

在现今的多媒体制作领域，网页和动画都是非常热门的项目，随着平面设计行业的发展，相关的软件也越来越与时俱进，例如利用 Photoshop CS5，就可以创建网页图像，也可以制作一些简单的动画效果，甚至可以创建和编辑 3D 图形。

本课将以实例的方式向大家讲解制作网页图像、动画和立体图像方面的相关知识，希望读者通过本课的学习，可以对相关知识点有一个更为深入的了解，并在日后学以致用。

就业达标要求

☆ 掌握如何设置与存储网络图像　　　☆ 掌握如何创建并编辑逐帧动画

☆ 掌握如何制作过渡动画帧　　　　　☆ 了解时间轴动画制作图像的制作过程

☆ 了解如何创建 3D 文件

建议课时

3.5 小时

12.1 实例：（设置与存储网络图像）

用户输出图像到 Web 或多媒体时，要保证以正确的分辨率生成图像。如果图像分辨率高，图像文件的大小也会增加，这就意味着需要花更长的时间把图像下载到 Web 浏览器，以及更长的时间重新显示到屏幕上，这将导致浏览者观察 Web 站点或多媒体产品时，感到费时费力。用户在 Web 或多媒体程序中生成图像时，图像所需的分辨率应和计算机的显示分辨率保持相同，因为生成更高分辨率的图像只会导致增大文件尺寸。

12.2 实例：绚烂的文字（创建帧）

在利用 Photoshop CS5 制作动画的过程中，创建帧可以说是最基本的操作，也是动画制作的基础，动画就是由一帧一帧的图像所组成的。下面将通过绚烂的文字实例向大家讲解如何在制作动画效果的过程中创建帧，并加以应用。

1. 了解动画的工作原理

动画为网页增添了动感和趣味，根据格式不同，网页中的动画大致可分为 GIF 动画和 Flash 动画两大类型。在 Photoshop CS5 中，利用"动画"调板可以轻松地制作出 GIF 动画，而且可以调整动画的相关属性。

动画的基本原理与电影、电视相同，都是快速显示多幅差别很小的图像，利用视觉暂留效应，使人眼感到图像画面发生运动。网页中使用的最基本的动画格式为 GIF，这种格式几乎得到了所有浏览器的支持。其他格式的动画还有 Flash 格式，但需要向浏览器中安装插件才能显示。Flash 动画是近年来比较流行的网页动画格式，与 GIF 动画不同，它是一种矢量动画，文件比较小，下载迅速；又由于它的每一幅画面都是矢量的，因而可以任意放大缩小，从而适应浏览者的桌面大小。

2. 制作动画

（1）选择"文件"|"打开"命令，打开配套素材\Chapter-12\"蓝色的字.psd"文件，如图 12-1、图 12-2 所示。

图 12-1　素材图像

图 12-2　打开素材后的"图层"调板

（2）为方便接下来的绘制，暂时将"图层 2"隐藏。参照图 12-3 所示，复制"图层 1"为两个副本，配合使用快捷键 Ctrl+T，分别调整图像及图像副本的大小，如图 12-4～图 12-6 所示。

图 12-3　复制图层

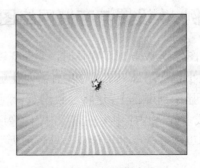

图 12-4　调整图像大小 1

（3）显示隐藏的图层，并复制"图层 2"为两个副本，如图 12-7、图 12-8 所示。

（4）按快捷键 Ctrl+U，打开"色相/饱和度"对话框，如图 12-9 所示，设置"色相"参数为−170，单击"确定"按钮完成设置，调整图像颜色，效果如图 12-10 所示。

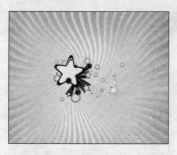

图 12-5　调整图像 1 副本大小

图 12-6　调整图像 1 副本 2

图 12-7　显示图像

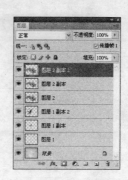

图 12-8　复制图层

图 12-9　"色相/饱和度"对话框

图 12-10　调整图像颜色

（5）参照图 12-11、图 12-12 所示，在"图层"调板中隐藏图层，只显示"背景"图层。

图 12-11　"图层"调板中的状况

图 12-12　隐藏图层的效果

（6）选择"窗口"|"动画"命令，打开"动画"调板，如图 12-13 所示。

图 12-13　"动画"调板

（7）参照图 12-14 所示，在"设置帧延迟时间"下拉列表中选择 0.2，即可设置帧延迟的时间，完成第 1 帧的设置。

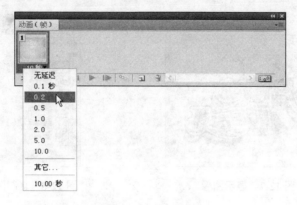

图 12-14　设置帧延迟时间

（8）单击"动画"调板底部的"复制所选帧"　按钮，即可复制当前选择的帧，如图 12-15 所示。

图 12-15　复制帧

（9）显示"图层 1"，设置第 2 帧，如图 12-16、图 12-17 所示。

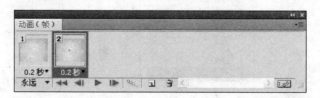

图 12-16　显示"图层 1"　　　　　图 12-17　设置第 2 帧

（10）使用以上相同的方法，依次将"图层 1 副本"和"图层 1 副本 2"图层在复制的帧中显示，"图层 1 副本 2"的操作如图 12-18、图 12-19 所示。

图 12-18　显示图层　　　　　　　　　　　图 12-19　设置第 4 帧

 图层中当前显示的效果用于控制当前帧的显示效果。

（11）单击"动画"调板底部的"复制所选帧"  按钮，复制当前选择的帧，如图 12-20 所示。

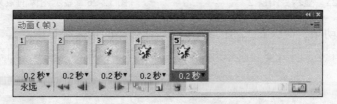

图 12-20　复制帧

（12）参照图 12-21、图 12-22 所示，显示"图层 2 副本"图层，并调整图像位置。

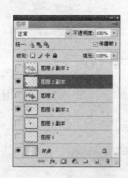

图 12-21　显示"图层 2 副本"　　　　　　　图 12-22　调整图像位置 1

（13）单击"复制所选帧"  按钮，复制选择的帧。参照图 12-23 所示，调整图像位置。

（14）参照图 12-24 所示，继续复制帧，并调整图像位置。

（15）继续复制选择的帧，隐藏"图层 2 副本"图层，并显示"图层 2"，如图 12-25、图 12-26 所示。

图 12-23　调整图像位置 2

图 12-24　调整图像位置 3

图 12-25　显示"图层 2"

图 12-26　显示图像的效果

（16）单击"动画"调板右上角的  按钮，在弹出的快捷菜单中选择"新建帧"命令，即可新建帧。然后将"图层 2"隐藏并显示"图层 2 副本 2"图层，如图 12-27、图 12-28 所示。

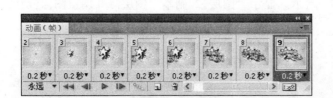

图 12-27　新建帧

图 12-28　显示图层

（17）配合键盘上的 Shift 键选择多个帧，如图 12-29 所示。

图 12-29　选择多个帧

（18）单击"复制所选帧"按钮，将选择的帧复制，如图 12-30 所示。

图 12-30 复制帧

（19）按住键盘上的 Alt 键拖动需要复制的帧，释放鼠标后，也可复制帧，如图 12-31、图 12-32 所示。

图 12-31 拖动帧

图 12-32 复制的帧

（20）参照图 12-33 所示，为最后一帧设置延迟时间为 1 秒。

图 12-33 设置帧延迟的时间

（21）参照图 12-34 所示，在"设置循环选项"下拉菜单中选择"一次"选项。

图 12-34 设置循环选项

（22）单击"动画"调板底部的"播放动画" ▶ 按钮，即可播放动画。

单击"动画"调板右上角的 ▼≡ 按钮，会弹出如图 12-35 所示的菜单，从中选择相应的命令，可以进行动画的各种操作。

237

图 12-35 "动画"调板菜单

12.3 实例：制作颜色渐变（过渡动画帧）

过渡帧就是系统自动在两个帧之间添加的位置、不透明度或效果产生均匀变化的帧。在动画效果中加入过渡帧，可以使动画效果过渡得更为自然，衔接也更为真实。下面将通过制作颜色渐变效果实例向大家讲解如何创建与运用过渡动画帧。

制作动画

（1）选择"文件"|"打开"命令，打开配套素材\Chapter-12\"灯笼.psd"文件，如图 12-36、图 12-37 所示。

图 12-36　素材图像

图 12-37　打开素材后的"图层"调板

（2）使用 Ctrl+Shift 组合键分别单击"灯笼"、"图层 1"图层缩览图，将其载入选区，如图 12-38 所示。

（3）保留选区，单击"调整"调板中的"创建新的色相/饱和度调整图层" 按钮，切换到"色相/饱和度"调板，参照图 12-39 所示设置参数，调整图像颜色，得到如图 12-40 所示效果。

（4）使用 Ctrl 键将"色相/饱和度 1"图层载入选区，并将该图层隐藏，如图 12-41、图 12-42 所示。

（5）单击"调整"调板中的"创建新的色相/饱和度调整图层" 按钮，切换到"色相/饱和度"调板，调整图像颜色，如图 12-43、图 12-44 所示。

图 12-38　将图像载入选区

图 12-39　设置参数

图 12-40　调整图像颜色

图 12-41　隐藏图层

图 12-42　载入选区

图 12-43　"色相/饱和度"调板

图 12-44　调整图像颜色的效果

（6）使用相同的方法，继续调整图像颜色，如图 12-45、图 12-46 所示。

图 12-45　"图层"调板中的图层情况

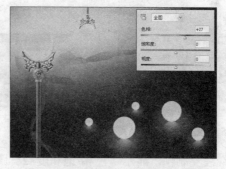

图 12-46　继续调整图像颜色

（7）参照图 12-47 所示，在打开的"动画"调板中为帧设置延长时间为 0.2 秒。

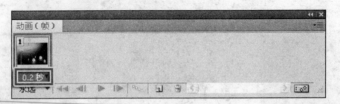

图 12-47　设置帧的延长时间

（8）参照图 12-48 所示，将调整图层隐藏，完成第 1 帧的设置，效果如图 12-49 所示。

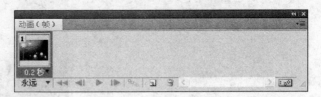

图 12-48　隐藏图层　　　　　　　　　　　图 12-49　设置第 1 帧

（9）单击"动画"调板中的"复制所选帧" 按钮，复制选择的帧，如图 12-50 所示。

图 12-50　复制帧

（10）显示"色相/饱和度 1"图层，设置第 2 帧，如图 12-51、图 12-52 所示。

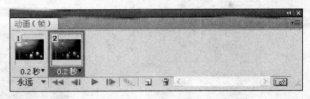

图 12-51　显示"色相/饱和度 1"　　　　　图 12-52　设置第 2 帧

（11）继续复制帧，显示"色相/饱和度 2"图层，并将"色相/饱和度 1"图层隐藏，如图 12-53、图 12-54 所示。

（12）参照图 12-55、图 12-56 所示，继续复制帧，并将部分图层显示或隐藏。

图 12-53　显示"色相/饱和度 2"图层

图 12-54　设置第 3 帧

图 12-55　显示"色相/饱和度 3"图层

图 12-56　设置第 4 帧

（13）单击"动画"调板中的"过渡动画帧"　　　按钮，弹出"过渡"对话框，然后在该对话框中设置参数，如图 12-57、图 12-58 所示。

图 12-57　"动画"调板中的按钮

（14）完成设置后，单击"确定"按钮，关闭对话框，创建的动画过渡帧如图 12-59 所示。

图 12-58　"过渡"对话框

图 12-59　创建的动画过渡帧

（15）选择第 3 帧，单击"过渡动画帧"　　　按钮，如图 12-60 所示在打开的"过渡"对话框中设置其参数，如图 12-61 所示。

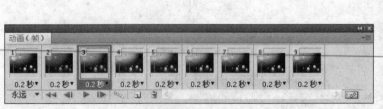

图 12-60 选择第 3 帧   图 12-61 设置过渡动画参数

（16）单击"确定"按钮完成设置，为第 3 帧创建过渡动画帧，如图 12-62 所示。

图 12-62 为第 3 帧创建动画过渡帧

（17）使用以上相同的方法，继续为第 1 帧和第 2 帧创建动画过渡帧，如图 12-63 所示。

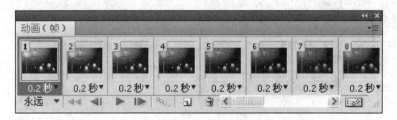

图 12-63 继续创建动画过渡帧

12.4 实例：闪字效果（制作时间轴动画）

在 Photoshop CS5 中，除了可以在逐帧模式的"动画"调板中制作动画外，还可以在时间轴模式的"动画"调板中进行动画制作。时间轴模式会显示文档图层的帧持续时间和动画属性。使用调板底部的工具和时间轴上自身的控件，可以更精确地调整动画效果，制作出的动画也更为生动形象。下面将通过本节制作的闪字效果实例向大家讲解具体如何制作时间轴动画。

制作动画

（1）打开配套素材\Chapter-12\"文字.psd"文件，如图 12-64 所示。

（2）参照图 12-65、图 12-66 所示，使用"矩形选框"工具 □ 在视图中绘制选区，并在新建的图层中为选区填充黄色（C：10、M：0、Y：83、K：0）。

图 12-64 素材图像

图 12-65 为选区填充颜色

（3）选择"滤镜"|"模糊"|"高斯模糊"命令，打开"高斯模糊"对话框，如图 12-67 所示，设置"半径"参数为 10 像素，单击"确定"按钮完成设置，得到如图 12-68 所示效果。

图 12-66 新建图层

图 12-67 "高斯模糊"对话框

（4）右击"图层 1"右侧空白处，如图 12-69 所示。在弹出的快捷菜单中选择"创建剪切蒙版"命令，得到图 12-70 所示效果。

图 12-68 添加高斯模糊的效果

图 12-69 右击"图层 1"空白处

（5）配合键盘上的 Ctrl 键将"保护地球"图层载入选区，然后在新建的图层中为选区填充黄色（C：10、M：0、Y：83、K：0），如图 12-71、图 12-72 所示。

（6）接下来为方便读者查看，为"图层 2"设置"不透明度"参数为 0%，然后调整"图层 1"图像的位置，效果如图 12-73 所示。

图 12-70　创建剪切蒙版的效果

图 12-71　新建图层

图 12-72　为选区设置颜色

图 12-73　调整图像

（7）单击"动画"调板右下角"转换为时间轴动画" 按钮，转换到"动画（时间轴）"调板，如图 12-74、图 12-75 所示。

图 12-74　"转换为时间轴动画"按钮

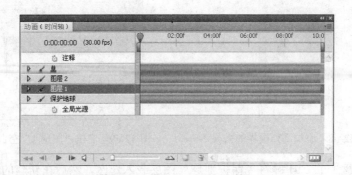

图 12-75　"动画时间轴"调板

（8）单击"动画"调板右上角的 按钮，在弹出的快捷菜单中选择"文档设置"命令，打开"文档时间轴设置"对话框，如图 12-76 所示，设置对话框参数。

图 12-76　"文档时间轴设置"对话框

（9）单击"确定"按钮完成工作时间设置，如图 12-77 所示。

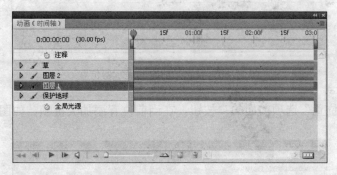

图 12-77　设置的工作时间

（10）单击"图层 1"前面的三角按钮，将隐藏的选项展开，如图 12-78、图 12-79 所示。

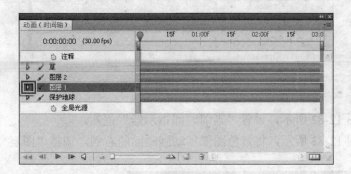

图 12-78　单击三角按钮

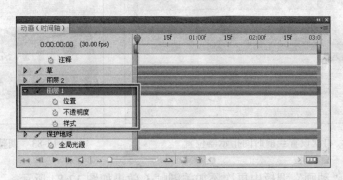

图 12-79　显示隐藏的选项

（11）参照图 12-80 所示，在调板中拖动"当前时间指示器"，即可设置当前时间指示器位置。

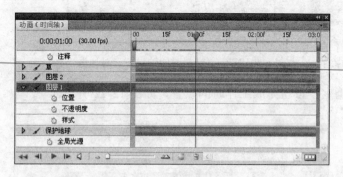

图 12-80　设置当前时间提示器位置

（12）单击"位置"选项前面的 ⏱ 按钮，在当前位置添加关键帧，如图 12-81 所示。

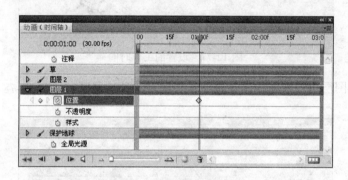

图 12-81　添加关键帧

（13）参照图 12-82 所示，设置"当前时间指示器"位置。

（14）参照图 12-83 所示，将黄色图像移动到画面的右侧，调整"图层 1"图像的位置。

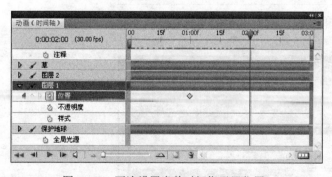

图 12-82　再次设置当前时间指示器位置

图 12-83　调整图像位置

（15）这时在"动画"调板中再次添加关键帧，效果如图 12-84 所示。

（16）选择"图层 2"，并设置"当前时间指示器"位置，如图 12-85 所示。

（17）单击"不透明度"选项前面的 ⏱ 按钮，在当前位置添加关键帧，如图 12-86 所示。

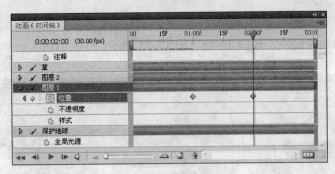

图 12-84　添加关键帧

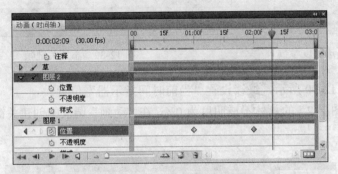

图 12-85　设置时间指法器位置

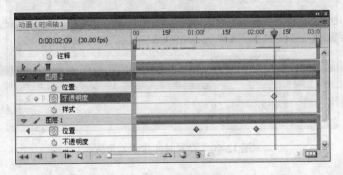

图 12-86　添加关键帧

（18）参照图 12-87 所示，设置"当前时间指示器"位置。

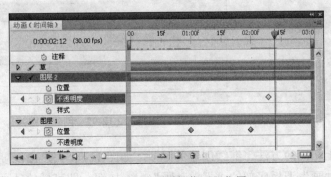

图 12-87　设置时间指示器位置

（19）在"图层"调板中为"图层 2"设置"不透明度"参数为 100%。在"当前时间指示器"位置直接添加关键帧，如图 12-88、图 12-89 所示。

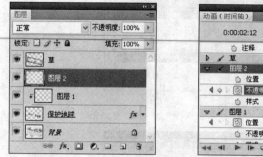

图 12-88　设置不透明度参数

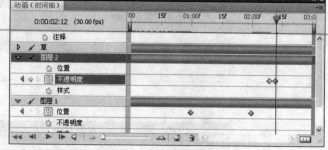

图 12-89　添加关键帧

（20）参照图 12-90 所示，继续设置"当前时间指示器"位置。

（21）更改"图层 2"的总体不透明度为 0%，在"动画"调板中创建关键帧，如图 12-91、图 12-92 所示。

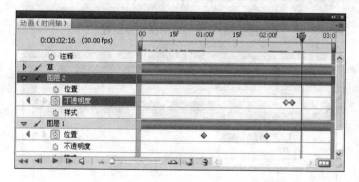

图 12-90　设置时间指示器位置

图 12-91　设置总体不透明度为 0%

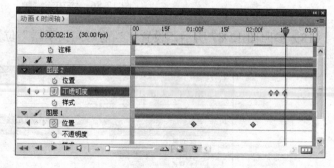

图 12-92　创建关键帧

（22）使用以上相同的方法，继续创建关键帧，如图 12-93～图 12-95 所示。

（23）单击"动画"调板底部的"播放动画" ▶ 按钮，即可播放动画。

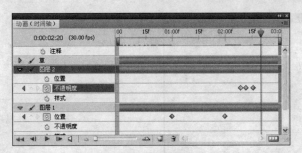

图 12-93　继续设置时间指示器位置

图 12-94　继续设置总体不透明度参数

图 12-95　继续创建关键帧

12.5　实例：梳子（从 3D 文件新建图层）

在 Photoshop CS5 中，"3D"功能是一项十分重要的功能，利用"从 3D 文件新建图层"命令，可以将 3D 文件导入 Photoshop 中，再配合"3D"调板中的设置面进行进一步的效果加工和处理。下面将通过制作如图 12-96 所示的梳子图像，向大家具体讲解该命令是如何使用的。

从 3D 文件新建图层

（1）选择"文件"|"新建"命令，打开"新建"对话框，参照图 12-97 所示设置文档参数，单击"确定"按钮，创建一个新文档。然后为背景填充浅黄色（C：1、M：13、Y：32、K：0）。

图 12-96　完成效果

图 12-97　新建文档

（2）选择"3D"|"从 3D 文件新建图层"命令，打开"打开"对话框，选择配套素材\
Chapter-12\"梳子.3DS"文件，单击"打开"按钮，打开 3D 素材图像，如图 12-98、图 12-99
所示。

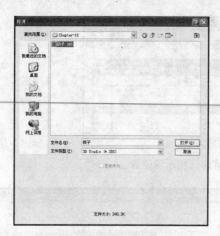

图 12-98 "打开"对话框

图 12-99 打开 3D 文件

（3）参照图 12-100 所示，选择梳子图层，分别使用"对象旋转"工具 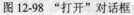和"相机旋转"工具 调整 3D 图像的角度，效果如图 12-101 所示。

（4）选择"窗口"|"3D"命令，打开"3D"调板。

图 12-100 "图层"调板

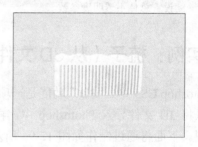

图 12-101 调整 3D 图像角度

（5）单击"漫射"选项右侧的"编辑漫射纹理" 按钮，在弹出的快捷菜单中选择"载入纹理"命令，打开"打开"对话框，选择配套素材\Chapter-12\"木纹.jpg"文件，单击"打开"按钮，载入纹理，如图 12-102、图 12-103 所示。

图 12-102 "3D"调板

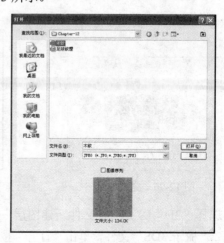

图 12-103 选择"木纹.jpg"文件

（6）参照图 12-104 所示，在"3D"调板中设置"光泽"参数为 0%，得到如图 12-105 所示效果。

图 12-104　"3D"调板

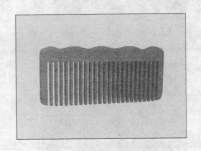

图 12-105　设置光泽参数后的效果

（7）参照图 12-106 所示，在"3D"调板中为"Infinite Light 2"设置"颜色"为浅黄色（C：2、M：27、Y：65、K：0），得到如图 12-107 所示效果。

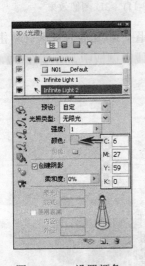

图 12-106　设置颜色

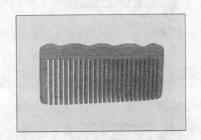

图 12-107　设置参数后的效果

（8）双击"图层"调板中的"木纹"，打开"木纹.psd"文件，如图 12-108 所示。

（9）按快捷键 Ctrl+U，打开"色相/饱和度"对话框，如图 12-109 所示，设置对话框参数，单击"确定"按钮完成设置，并将其保存，效果如图 12-110 所示。

（10）切换到"梳子.psd"文档中，观察视图，可发现应用到 3D 图像中的纹理也随之发生了变化，如图 12-111 所示。

图 12-108 "木纹"图像

图 12-109 "色相/饱和度"对话框

图 12-110 图像调整效果

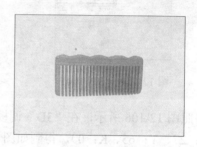

图 12-111 3D 图像效果

（11）按住键盘上 Ctrl 键的同时单击"梳子"图层缩览图，将其载入选区。单击"调整"调板中的"创建新的曲线调整图层" 按钮，切换到"曲线"调板中，参照图 12-112 所示设置曲线，调整图像亮度，得到图 12-113 所示效果。

图 12-112 "曲线"调板

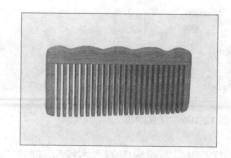

图 12-113 调整图像亮度的效果

（12）选择"梳子"图层，单击"图层"调板底部的"添加图层样式" 按钮，在弹出的快捷菜单中选择"投影"命令，打开"图层样式"对话框，参照图 12-114 所示设置对话框参数，单击"确定"按钮完成设置，图像添加投影后的效果如图 12-115 所示。

图 12-114 设置投影效果参数

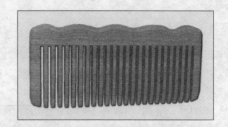

图 12-115 投影效果

12.6 实例：足球（从图层新建形状）

"3D"菜单内"从图层新建形状"命令的子菜单包括了多种可以用于将图形转换为立体形状命令，例如球体、环形、锥体、酒瓶等，通过这些命令，可以将 Photoshop 中制作的平面图像转换为立体效果，操作十分方便。下面将通过制作如图 12-116 所示的足球图像，向大家具体讲解如何从图层新建形状。

从图层新建形状

（1）打开配套素材\Chapter-12\"足球纹理.jpg"文件，如图 12-117、图 12-118 所示。

图 12-116 完成效果

图 12-117 打开文件后的"图层"调板

（2）选择"3D"|"从图层新建形状"|"球体"命令，将图像创建为圆球立体图像，"图层"调板中的情况如图 12-119 所示，球体图像的效果如图 12-120 所示。

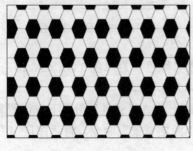

图 12-118 素材图像

图 12-119 "图层"调板中的情况

（3）参照图 12-121 所示，在"3D"调板中设置参数，调整球体材料效果，如图 12-122所示。

图 12-120　创建球体图像　　　　　　图 12-121　在"3D"调板中设置参数

（4）在"3D"调板中为"无限光 1"设置"强度"参数为 1，调整灯光强度，如图 12-123、图 12-124 所示。

图 12-122　球体材料调整的效果　　　　图 12-123　设置灯光强度

（5）继续在"3D"调板中，为"无限光 2"设置"颜色"为绿色（C：63、M：46、Y：99、K：4），"强度"参数为 1，如图 12-125、图 12-126 所示。

（6）按住键盘上 Ctrl 键单击"创建新图层" 按钮，在"背景"图层下方位置新建"图层 1"，如图 12-127 所示，选择"图层"|"新建"|"图层背景"命令，将"图层 1"转换为"背景"图层，如图 12-128 所示。

图 12-124　应用效果

图 12-125　继续设置灯光颜色

图 12-126　颜色应用效果

图 12-127　新建图层

（7）参照图 12-129 所示，使用"渐变"工具 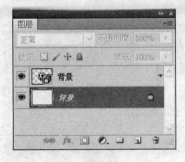 为背景填充渐变色。

图 12-128　转换为背景图层

图 12-129　为背景填充渐变色

（8）新建"图层 1"，使用"椭圆选框"工具 在足球底部绘制椭圆选区，然后按快捷键 Shift+F6，设置"羽化半径"参数为 10 像素，并为选区填充黑色，得到如图 12-130 所示投影效果。

图 12-130　添加投影效果

12.7 实例：立体文字（从灰度新建网格）

"3D"菜单中的"从灰度新建网格"命令可以用平面的灰度图像配合"3D"调板中的设置创建出立体效果。下面将通过制作立体文字图像向大家讲解如何使用从灰度新建网格命令，完成效果如图 12-131 所示。

从灰度新建网格

（1）选择"文件"|"新建"命令，打开"新建"对话框，参照图 12-132 所示设置文档参数，单击"确定"按钮，创建一个新文档，然后为背景填充颜色（C：56、M：48、Y：100、K：3），如图 12-133 所示。

图 12-131　完成效果

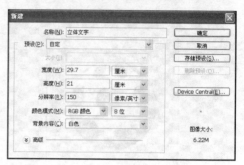

图 12-132　"新建"对话框

（2）复制"背景"图层，单击"路径"调板中的"创建新路径" 按钮，新建"路径 1"。参照图 12-134 所示，使用"钢笔"工具 在视图中绘制"FORGET"字样路径。

图 12-133　为背景设置颜色

图 12-134　绘制路径

（3）按快捷键 Ctrl+Enter，将路径转换为选区。新建"图层 1"，并为选区填充灰色（C：33、M：27、Y：96、K：0），如图 12-135、图 12-136 所示。

图 12-135　新建"图层 1"

图 12-136　为选区填充颜色

（4）选择"图层 1"，选择"3D"|"从灰度新建网格"|"平面"命令，创建 3D 效果，如图 12-137、图 12-138 所示。

图 12-137　创建 3D 效果后的"图层"调板

图 12-138　应用 3D 效果

（5）参照图 12-139 所示，在"3D"调板中设置场景参数，得到如图 12-140 所示效果。

图 12-139　在"3D"调板中设置场景参数

图 12-140　应用参数的效果

（6）接下来使用"对象旋转"工具 调整 3D 图像的角度，效果如图 12-141 所示。

（7）参照图 12-142 所示，使用"魔棒"工具 选择背景图像。

图 12-141　调整 3D 图像角度

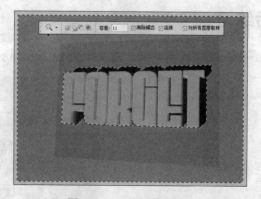

图 12-142　选择背景图像

（8）单击"调整"调板中的"创建新的色相/饱和度调整图层" 按钮，切换到"色相/饱和度"调板中，参照图 12-143 所示设置参数，调整图像颜色，得到如图 12-144 所示效果。

（9）使用"魔棒"工具 ✎ 选择字母图像，如图 12-145 所示，然后单击"调整"调板中的"创建新的色相/饱和度调整图层" ▀ 按钮，切换到"色相/饱和度"调板中，参照图 12-146 所示设置参数，调整字母图像颜色，得到如图 12-147 所示效果。

图 12-143　设置参数

图 12-144　调整图像颜色的效果

图 12-145　选择字母图像

图 12-146　设置参数

图 12-147　调整字母图像颜色

课后练习

1．制作文字逐帧动画，效果如图 12-148 所示。

图 12-148　文字逐帧动画制作流程图

要求：

（1）具备一幅风景图像作为背景。

（2）输入文字并添加投影、外发光和描边效果。

（3）在"动画"调板中，单击"复制所选帧"按钮 ，创建新的帧。

（4）使用移动工具调整图像的位置，对帧进行编辑，记录操作。

2. 制作文字降落的时间轴动画，效果如图 12-149 所示。

图 12-149　文字降落动画制作流程图

要求：

（1）具备一幅卡通插画图像作为背景。

（2）创建动画主体文字。

（3）单击"动画"调板底部的"转换为时间轴动画"按钮 ，转换到"动画（时间轴）"调板。

（4）单击 按钮，添加关键帧，制作出动画效果。

反侵权盗版声明

电子工业出版社依法对本作品享有专有出版权。任何未经权利人书面许可,复制、销售或通过信息网络传播本作品的行为;歪曲、篡改、剽窃本作品的行为,均违反《中华人民共和国著作权法》,其行为人应承担相应的民事责任和行政责任,构成犯罪的,将被依法追究刑事责任。

为了维护市场秩序,保护权利人的合法权益,我社将依法查处和打击侵权盗版的单位和个人。欢迎社会各界人士积极举报侵权盗版行为,本社将奖励举报有功人员,并保证举报人的信息不被泄露。

举报电话: (010)88254396; (010)88258888

传　　真: (010)88254397

E－mail : dbqq@phei.com.cn

通信地址: 北京市万寿路173信箱

电子工业出版社总编办公室

邮　　编: 100036